国家电网
STATE GRID

国网安徽省电力有限公司
STATE GRID ANHUI ELECTRIC POWER CO.,LTD.

2022 版

电网企业安全生产巡查工作手册

国网安徽省电力有限公司　组编

中国电力出版社
CHINA ELECTRIC POWER PRESS

内容提要

本书对安全生产巡查工作程序及工作内容进行了讲解，包括巡查工作概述、巡查工作内容、巡查工作实施、巡查工作案例等内容，是一本实用性很强的工具类书籍，对提升安全生产巡查工作效能、规范巡查人员工作行为具有很好的指导作用。

本书可供从事安全生产工作的管理人员与安全生产巡查人员学习参考。

图书在版编目（CIP）数据

电网企业安全生产巡查工作手册：2022版 / 国网安徽省电力有限公司组编 . — 北京：中国电力出版社，2022.9（2023. 6重印）
ISBN 978-7-5198-7040-9

Ⅰ. ①电… Ⅱ. ①国… Ⅲ. ①电力工业 – 安全生产 – 中国 – 手册 Ⅳ. ① TM08-62

中国版本图书馆 CIP 数据核字 (2022) 第 168709 号

出版发行：中国电力出版社
地　　址：北京市东城区北京站西街 19 号（邮政编码 100005）
网　　址：http://www.cepp.sgcc.com.cn
责任编辑：穆智勇
责任校对：黄　蓓　王海南
装帧设计：赵姗姗
责任印制：石　雷

印　　刷：三河市万龙印装有限公司
版　　次：2022 年 9 月第一版
印　　次：2023 年 6 月北京第二次印刷
开　　本：787 毫米 ×1092 毫米　16 开本
印　　张：16.5
字　　数：298 千字
印　　数：1501—2500 册
定　　价：80.00 元

编委会

主　任　吴　迪

副主任　洪天炘　张　汐　刘志祥　高　峻　彭乃勇

委　员　田　宇　王新建　甘德志　郭成英　张治新

刘志存

编写组

组　长　张治新

副组长　秦　浩　金甲杰　王绍亚

成　员　廖添泉　牛立群　荣宗林　姚永恒　赵魏超

程　静　周　力　王彦强　李慧军　丁一辛

钱旭军　吕少军　张必胜　张明宝　曹元远

宋星辰　邱兴卫　张宽杰　彭文斌　张蔚翔

祁　麟　孙晓宇　汪　晨　仲　政

前　言

随着电力需求的增加，安全生产管理工作有了更新、更高的要求。由于安全生产巡查组织模式的特殊性，从事安全生产巡查工作的人员不固定，安全生产相关的文件、制度等每年均有更新，且安全生产巡查工作涉及工作范围广，涵盖专业多，专业之间差异大，由于暂未形成体系化、专业化、标准化的工作流程和方法工具，使新加入的安全生产巡查人员无法快速掌握标准化作业方法。

为贯彻落实党中央、国务院、省委省政府和国家电网有限公司关于加强安全生产工作的各项部署，进一步强化安全生产责任制落实，国网安徽省电力有限公司根据多年的工作实践和经验沉淀，针对安全巡查典型问题较突出的情况，依据《中共中央　国务院关于推进安全生产领域改革发展的意见》（中发〔2016〕32号）、《安全生产巡查工作制度》（安委〔2016〕2号）和《国家电网有限公司安全生产巡查工作规定（试行）》（国网安委会〔2019〕3号）等文件，结合公司实际，编写了本书，确保巡查工作的标准化、规范化、专业化。通过对本书的学习，可以促进安全生产管理人员与安全生产巡查人员等快速掌握典型的安全生产问题，举一反三，深入开展安全生产工作，提升安全生产巡查工作水平。同时，能够更好地督促各级单位认真履行安全职责，强化安全生态建设，保证安全生产重点工作落实，推动安全管理水平持续提升。

本书共分为五部分，分别是引言、巡查工作概述、巡查工作内容、巡查工作实施、巡查工作案例。本书规范了安全生产巡查工作程序，统一了巡查相关文书，细化更新了巡查内容和方法，修改完善了巡查案例，明确了巡查人员的权利和责任，是一本实用性很强的工具类书籍。本书对提升安全生产巡查工作效能、规范巡查人员工作行为具有很好的指导作用，保障巡查工作的规范化开展，进而实现安全可控、能控、在控，筑牢企业安全防线。

由于安全生产巡查工作细节较多，书中不妥之处在所难免，敬请读者和同行给予批评指正。

编　者

2022年9月

目录 / CONTENTS

国家电网
STATE GRID

国网安徽省电力有限公司
STATE GRID ANHUI ELECTRIC POWER CO.,LTD.

引言

一、习近平总书记关于安全生产的重要论述

（一）习近平总书记关于安全生产重要论述的六大要点

党的十八大以来，以习近平为总书记的新一届中央领导集体贯彻落实以人为本的科学发展观，坚持立党为公、执政为民的崇高执政理念，把安全生产纳入全面建成小康社会和全面深化改革的总体布局，作为推进国家治理体系和治理能力现代化的重要内容，作出一系列决策部署，有力地推动安全生产工作的创新和发展。特别是习近平总书记对人民群众生命安全问题高度关怀，在安全生产工作上躬亲力行，多次发表重要讲话，作出一系列重要指示，下面是关于安全生产重要论述的六大要点。

1. 强化红线意识，实施安全发展战略

习近平总书记强调指出，发展决不能以牺牲人的生命为代价，这是一条不可逾越的“红线”，这个观念一定要非常明确，非常强烈，非常坚定。“红线”就是“生命线”“高压线”。对“红线”，必须以最坚决的态度牢牢坚守，增强责任感、使命感和紧迫感。总书记强调，发展必须以人为本、以民为本，我们不要带血的GDP。

2. 抓紧建立健全安全生产责任体系

习近平总书记指出，我们这个体制是党总揽全局，党委要管大事，发展是大事，安全生产也是大事。强调党政一把手亲力亲为，亲自动手抓，抓紧建立健全“党政同责、一岗双责、齐抓共管、失职追责”的安全生产责任体系，切实做到“管行业必须管安全、管业务必须管安全、管生产必须管安全”。要坚持最严格的安全生产制度，加大安全生产指标考核权重，实行安全生产和重大事故风险“一票否决”。地方各级党委政府守土有责、守土尽责，党政一把手必须亲力亲为、亲自动手抓。要求各级党委抓住涉及安全生产的重大问题，切实加强领导。地方政府主要负责同志要勇于承担本区域安全生产第一责任人的责任。

习近平总书记指出，所有企业都必须认真履行安全生产主体责任，善于发现问题、解决问题，采取有力措施，做到安全投入到位、安全培训到位、基础管理到位、应急救援到位，把问题解决在基层，把隐患消灭在萌芽状态。要举一反三，认真排查和消除安全隐患，建立常态化隐患排查整改、风险防控体系和安全检查责任制，实行“谁检查、谁签字、谁负责”。要重视纠小错，防止小错误养痈遗患造成大的问题。要求严肃事故调查处理和责任追究，坚决克服和纠正失之于软、失之于宽的倾向，用事故教训推动安全生产工作，做到“一厂（矿）出事故、万厂（矿）受教育，一地有隐患、全国受警示”。

3. 强化企业主体责任落实

4. 加强安全监管方面改革创新

习近平总书记强调，深化安全生产监管体制改革，更好地履行综合监管、直接监管（行业监管）和属地管理责任。改进安全监管方式方法，提高监管执法效率效能。安全检查要坚持“全覆盖、零容忍、严执法、重实效”的总要求，采用“四不两直”暗查暗访，防止形式主义走过场。要求坚持依法治安，加大执法力度，完善安全生产法律法规体系，严厉打击安全生产领域的非法违法行为，加快安全生产法治化进程。要求坚持科技强安，大力推动安全生产科技进步，要求搞好宣传教育和培训，加强舆论引导。

5. 全面构建长效机制

习近平总书记要求，认真总结安全生产工作经验，把握安全生产规律特点，抓住源头、综合治理、努力构建安全生产长效机制，实现长治久安。有的地方和企业对安全生产工作，东一榔头西一棒子，想抓就抓，高兴了就抓一下，紧锣密鼓，过些日子，又三天打鱼两天晒网，一曝十寒。要坚持标本兼治、重在治本，建立长效机制，坚持“常、长”二字，经常、长期抓下去，特别是要抓薄弱环节，抓那些还不够重视的行业领域。加强对重点行业领域和重点县的安全整治，巩固关闭淘汰小煤矿的成果，防止死灰复燃。加强安全生产应急管理，搞好预案演练，提高快速反应、应急处置能力。

6. 领导干部要敢于担当

习近平总书记指出，领导干部一定要有忧患意识和戒惧之心。权力和责任是对等的，当干部不要当得那么潇洒，不要幻想当太平官。对各类事故要有所防范，坚决克服现阶段事故“不可避免论”，要经常临事而惧，要有睡不着觉、半夜惊醒的压力，坚持命字在心、严字当头，敢抓敢管、勇于负责，不可有丝毫懈怠。领导干部抓安全，重视抓、认真抓和不重视抓、不认真抓大不一样。只要大家严于履职、认真抓，就可以把事故发生率和死亡率降到最低程度。安全责任重于泰山，如果一次又一次在同样的问题上付出生命和血的代价，那就不是工作态度和工作作风的问题了，而是草菅人命。

（二）习近平总书记关于安全生产的重要指示

2022年3月24日

安全生产要坚持党政同责、一岗双责、齐抓共管、失职追责，管行业必须管安全，管业务必须管安全，管生产经营必须管安全。从实际工作看，仍有一些地方和行业安全责任没有压紧压实，工作措施没有抓实抓到位。

——习近平对东航客机坠毁做出重要指示时强调

2020年4月13日

生命重于泰山。各级党委和政府务必把安全生产摆到重要位置，树牢安全发展理念，绝不能只重发展不顾安全，更不能将其视作无关痛痒的事，搞形式主义、官僚主义。要针对安全生产事故主要特点和突出问题，层层压实责任，狠抓整改落实，强化风险防控，从根本上消除事故隐患，有效遏制重特大事故发生。

——习近平对安全生产做出重要指示时强调

2015年5月29日

要切实抓好安全生产，坚持以人为本、生命至上，全面抓好安全生产责任制和管理、防范、监督、检查、奖惩措施的落实，细化落实各级党委和政府的领导责任、相关部门的监管责任、企业的主体责任，深入开展专项整治，切实消除隐患。

——习近平在中共中央政治局第二十三次集体学习时强调

落实安全生产责任制，要落实行业主管部门直接监管、安全监管部门综合监管、地方政府属地监管，坚持管行业必须管安全、管业务必须管安全、管生产必须管安全，而且要党政同责、一岗双责、齐抓共管。

——习近平在中央政治局第 28 次常委会上强调

安全生产，要坚持防患于未然。要继续开展安全生产大检查，做到“全覆盖、零容忍、严执法、重实效”。要采用不发通知、不打招呼、不听汇报、不用陪同和接待，直奔基层、直插现场，暗查暗访，特别是要深查地下油气管网这样的隐蔽致灾隐患。要加大隐患整改治理力度，建立安全生产检查工作责任制，实行谁检查、谁签字、谁负责，做到不打折扣、不留死角、不走过场，务必见到成效。

——习近平在考察“11 · 22”中石化东黄输油管道泄漏爆炸特别重大事故抢险工作时强调

二、安全生产巡查工作相关制度与要求

全面贯彻党的十八大和十八届三中、四中、五中、六中全会精神，以邓小平理论、“三个代表”重要思想、科学发展观为指导，深入贯彻习近平总书记系列重要讲话精神和治国理政新理念新思想新战略，进一步增强“四个意识”，紧紧围绕统筹推进“五位一体”总体布局和协调推进“四个全面”战略布局，牢固树立新发展理念，坚持安全发展，坚守发展决不能以牺牲安全为代价这条不可逾越的红线，以防范遏制重特大生产安全事故为重点，坚持安全第一、预防为主、综合治理的方针，加强领导、改革创新，协调联动、齐抓共管，着力强化企业安全生产主体责任，着力堵塞监督管理漏洞，着力解决不遵守法律法规的问题，依靠严密的责任体系、严格的法治措施、有效的体制机制、有力的基础保障和完善的系统治理，切实增强安全防范治理能力，大力提升我国安全生产整体水平，确保人民群众安康幸福、共享改革发展和社会文明进步成果。

——《中共中央　国务院关于推进安全生产领域改革发展的意见》

牢固树立安全发展观念，坚持以人为本、生命至上，坚持“安全第一、预防为主、综合治理”的方针，做到依法依规、实事求是、注重实效，督促地方各级人民政府全面落实安全监管责任，有效解决制约安全生产工作的突出问题，推动全国安全生产工作。

——《安全生产巡查工作制度》（安委［2016］2号）

为认真贯彻落实习近平总书记关于安全生产重要指示精神和党中央、国务院决策部署，2022 年 4 月 10 日，国务院安委会梳理相关法律法规已有规定、以往管用举措和近年来针对新情况采取的有效措施，制定了进一步强化安全生产责任落实、坚决防范遏制重特大事故的十五条措施：

（1）严格落实地方党委安全生产责任；

（2）严格落实地方政府安全生产责任；

（3）严格落实部门安全监管责任；

（4）严肃追究领导责任和监管责任；

（5）企业主要负责人必须严格履行第一责任人责任；

（6）深入扎实开展全国安全生产大检查；

（7）牢牢守住项目审批安全红线；

（8）严厉查处违法分包转包和挂靠资质行为；

（9）切实加强劳务派遣和灵活用工人员安全管理；

（10）重拳出击开展“打非治违”；

（11）坚决整治执法检查宽松软问题；

（12）着力加强安全监管执法队伍建设；

（13）重奖激励安全生产隐患举报；

（14）严肃查处瞒报谎报迟报漏报事故行为；

（15）统筹做好经济发展、疫情防控和安全生产工作。

——国务院安委会制定部署安全生产十五条措施

全面贯彻党的十八大和十八届三中、四中、五中、六中全会精神，以邓小平理论、“三个代表”重要思想、科学发展观为指导，深入学习贯彻习近平总书记系列重要讲话精神和治国理政新理念新思想新战略，深入学习贯彻习近平总书记“7 · 26”重要讲话和视察安徽重要讲话精神，认真落实中央及省委、省政府决策部署，坚守发展决不能以牺牲安全为代价这条不可逾越的红线，以严防较大生产安全事故、坚决遏制重特大生产安全事故为重点，坚持安全发展、改革创新、依法监管、源头防范、系统治理的原则，突出强化企业安全生产主体责任落实，着力完善安全生产监管监察体制，健全安全生产支撑体系，构建安全风险“六项机制”，加快推进安全风险分级管控和隐患排查治理双重预防机制体系建设，夯实安全生产基层基础工作，增强安全保障能力，大力提升全省安全生产整体水平，确保人民群众安康幸福、共享改革发展和社会文明进步成果。

——《中共安徽省委、安徽省人民政府关于推进安全生产领域改革发展的实施意见》（皖发［2017］31号）

安全生产巡查工作以习近平新时代中国特色社会主义思想为指导，牢固树立安全发展理念，强化安全红线意识，坚持“安全第一、预防为主、综合治理”方针，促进安全履责，规范安全管理，做到依法依规、实事求是、注重实效。坚持目标导向和问题导向，健全安全管理体系，推动公司贯彻落实《中共中央国务院关于推进安全生产领域改革发展的意见》实施方案等落地，加强安全生态建设，强化“一岗双责”和“三个必须”落实，着力解决安全生产突出问题，促进安全管理水平整体提升。

——《国家电网有限公司安全生产巡查工作规定（试行）》

第一章 巡查工作概述

第一节 巡查类型

安全生产巡查

安全生产巡查是依据有关法律、法规、规章和规范性文件，对安全生产决策部署贯彻、安全目标管理、安全责任体系、安全基础保障、安全保证体系、安全监督体系、双重预防机制、应急管理工作八个方面开展巡查工作，督促各级认真履行安全职责，强化安全生态建设，保证安全生产重点工作落实，推动安全管理水平持续提升。

安全生产专项巡查

安全生产专项巡查作为安全生产巡查的重要补充形式，以“四个管住”要求执行为主线，以严重违章和安全事件为重要巡查线索，针对部分单位、专业的安全管理薄弱环节和突出问题，精准开展“点穴式”专项巡查。

安全生产巡查“回头看”

公司安委办适时组织对已巡查单位开展整改情况闭环巡查，重点检查事故（事件）、社会人员触电、严重违章、“四个管住”执行、安全督查中心运转、省管产业同质化管理等方面，从巡查发现问题整改、举一反三排查治理及长效机制建立等方面评价，复核被巡查单位的整改成效。

第二节　巡查组织

一、巡查组织构成

国网安徽省电力有限公司的巡查工作是由国网安徽省电力有限公司安全生产委员会（以下简称公司安委会）全面领导，国网安徽省电力有限公司安全生产委员会办公室（以下简称公司安委办）负责组织协调，巡查组承担具体巡查任务，并对公司安委会负责报告，巡查组由组长、副组长、联络员和安全生产巡查专家组成，原则上每组 6~8 人。

二、组织工作职责

公司安委会

（1）研究部署安全生产巡查工作安排。
（2）审定安全生产巡查工作计划。
（3）组建安全生产巡查组（以下简称巡查组）。
（4）审定安全生产巡查报告（以下简称巡查报告）。
（5）提出安全生产巡查结果的处置意见。
（6）研究处理安全生产巡查工作中的有关重要事项。

公司安委办

（1）承担安全生产巡查制度建设工作。
（2）组建安全生产巡查专家库。
（3）拟定安全生产巡查工作计划、重点内容，提出巡查组成员建议名单，编制形成工作方案。
（4）统筹组织、协调指导巡查组开展工作。
（5）对巡查组人员进行培训。
（6）负责对安全生产巡查发现问题的整改督办工作。
（7）完成公司安委会交办的其他巡查工作事项。

巡查组

承担具体安全生产巡查任务，对公司安委会负责并报告工作。

三、巡查组人员分工

1. 巡查组成员选拔要求

（1）理想信念坚定，对党忠诚，在思想上、政治上、行动上同党中央保持高度一致。

（2）坚持原则、作风过硬、公道正派、敢于担当、清正廉洁，与巡查对象没有利益关系。

（3）熟悉安全生产工作和相关法规政策，具有较强的发现问题、查找隐患、综合分析、沟通协调能力。

（4）身体健康，能胜任巡查工作。

2. 巡查组构成及职责

巡查组由组长、副组长、联络员和有关安全生产巡查专家组成。具体的人员构成和职责如表 1-1 所示。

表 1-1　巡查组构成及职责

组织角色	人员组成	职责
组长	组长由省公司安委办会商组织部门选调熟悉安全生产工作的副处级及以上领导干部担任；巡查组实行组长负责制，根据巡查任务一次一授权	①负责根据安全生产巡查工作方案统筹确定巡查方向、巡查重点、巡查进度、巡查报告等； ②组织召开巡查组内部会议，研究解决巡查工作中的重大问题； ③对巡查中发现的被巡查单位的重要问题及时向公司安委办沟通汇报； ④根据巡查工作需要，与被巡查单位主要负责人、班子其他成员谈话来了解相关情况； ⑤对巡查反馈意见和巡查报告审核把关； ⑥完成公司安委会交办的其他巡查工作事项
副组长	副组长由从事安全监督管理工作的科级及以上人员担任	①副组长协助组长开展工作； ②按照组长要求，组织实施巡查工作，包括制定巡查计划，开展巡查工作，起草巡查报告和反馈意见等
联络员	在专家组中选择长期从事安全生产工作、对安全生产工作有深刻认识、能够把握巡查工作节奏、对巡查工作进行具体安排的专家承担联络员	①负责承上启下及外部联络，与被巡单位沟通协调，提出专家分工建议，组织专家具体落实组长布置的巡查各项工作； ②组织召开日例会，牵头组长、副组长巡查专题例会、中期例会等
专家组	专家从公司安全生产巡查专家库中抽调，由安监、生产、建设、营销、调控、信息通信、直属单位、省管产业、特种设备等专业相关人员组成；巡查组成员实行任职回避、地域回避、公务回避	①巡查组其他成员按照组内分工，认真完成巡查工作。一般包含查找问题、提出建议、做好记录、编写问题清单（问题线索）、分项巡查报告等工作内容； ②巡查组成员在一个巡查任务周期内相对固定； ③公司系统各单位应当为派出人员提供必要的支持保障

第三节 巡查流程

一、巡查准备

1. **组建巡查组**

   公司安委办提出巡查组成员建议名单，经安委会审定后成立巡查组。

2. **开展工作培训**

   公司安委办组织巡查组全体人员进行工作培训，宣贯巡查工作方案，统一巡查标准，掌握相关制度规定、工作目的、方法步骤和工作要求等。

3. **下达巡查通知**

   公司安委办于巡查组进点前，向被巡查单位下达巡查通知书，告知主要工作内容、时间安排、提供资料清单及相关要求等。

4. **制定巡查实施方案**

   各巡查组制定巡查实施方案，包括工作任务、计划安排、工作步骤、人员分工和纪律要求等。

二、现场巡查

召开进点启动会

公司安委办负责人讲话，进行巡查动员，提出工作要求；巡查组组长向被巡查单位通报巡查工作任务、工作方式、工作纪律；被巡查市公司级单位安委会主任做工作汇报和配合巡查表态发言。

开展下沉巡查

巡查组采取安全述职、个别访谈、问卷调查、座谈会、列席会议、调阅资料、“四不两直”现场督查等方式，通过暗查暗访、随机抽查等形式，到被巡查单位所属部门、单位（含县公司级单位）、供电所和班组现场了解情况，掌握被巡查单位安全管理状况，查找分析市县公司在责任、制度、机制、手段等方面存在的问题，形成巡查发现问题清单。

三、反馈整改

被巡查单位对反馈问题逐项制定整改措施，明确责任领导、责任部门、任务分工和整改时限，形成整改方案，并于收到巡查报告一个月内报送公司安委办。

制定整改方案

编制巡查报告

巡查组于巡查工作结束后 15 日内，形成巡查报告，总结巡查工作基本情况、评价被巡查单位总体情况、分析巡查发现问题、提出整改意见及有关建议，报公司安委会。

督导落实整改

公司安委办根据重点工作安排，组织对被巡查单位问题整改工作进行督导。

四、成效评估

被巡查单位及时开展巡查反馈问题整改情况自查，本单位安委会专题研究，充分评估整改成效。

公司安委办适时组织对已巡查单位开展整改情况闭环巡查，重点检查事故（事件）、社会人员触电、严重违章、“四个管住”执行、安全督查中心运转、省管产业同质化管理等方面，从巡查发现问题整改、举一反三排查治理及长效机制建立等方面评价，复核被巡查单位的整改成效。

五、资料归档

巡查工作结束后，按巡查工作档案管理的相关要求将工作中涉及的所有资料，按要求分类归档并上传安全生产风险管控平台巡查工作信息库。

第四节　巡查工作信息化

巡查工作信息化是指巡查组、被巡查单位、巡查问题审核主管部门之间的信息流转与交互通过信息化的平台来进行，对巡查计划、巡查问题、措施反馈等各环节的信息进行全过程流程化管控、安全监管与资料上传存档。安全生产巡查流程如图1-1所示。信息化操作系统操作说明见本书附录。

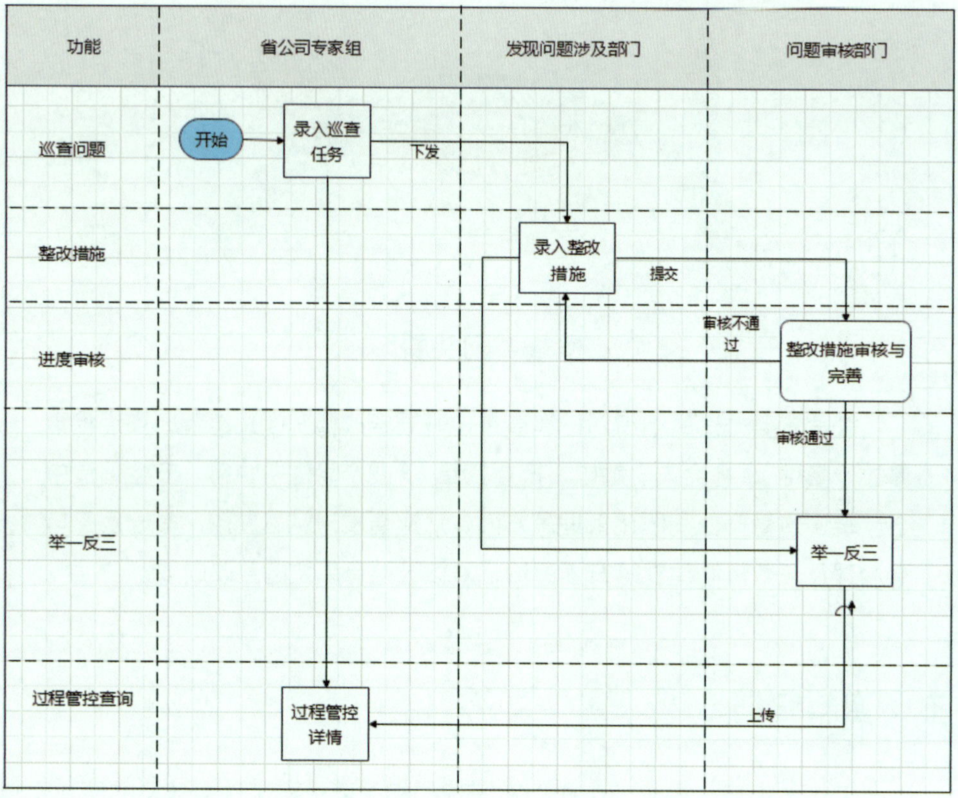

图 1-1　安全生产巡查流程

第五节 巡查要求

一、巡查工作原则

不以巡查问题多少作为巡查工作的考核指标，而以是否系统揭示问题为工作成效。

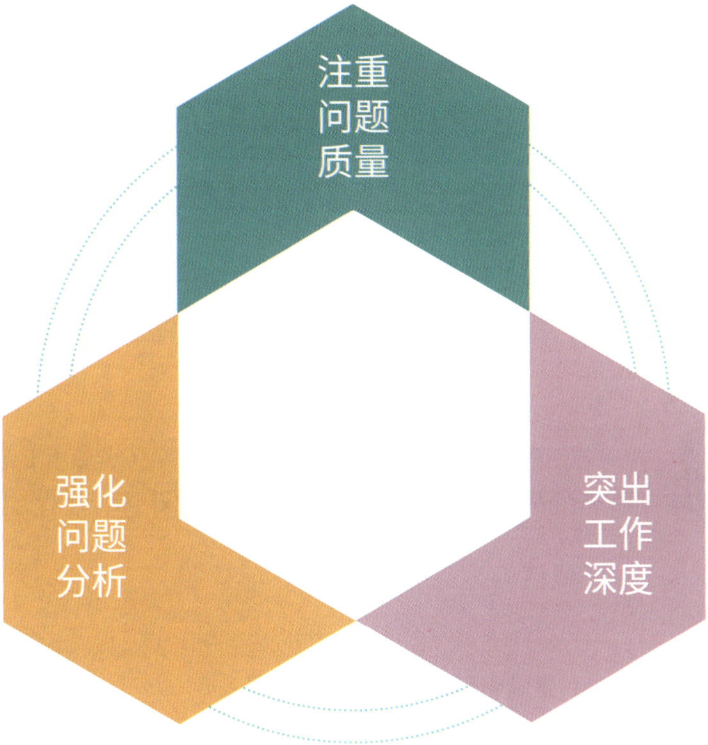

巡查工作需站在安全生产的末端看前端，从结果看导向，从局部看全局，从基层看管理，暴露问题、研究问题、解决问题，提出措施办法、建议。

巡查工作不用面面俱到，不代替专业管理，但需要条块化、穿透式分析梳理，向机制体制、专业管理问效。

二、巡查工作要求

1. 巡查组

守好工作界限

安全生产巡查工作不干涉被巡查单位的正常工作，不替代被巡查单位的安全管理职能，不承担被巡查单位的安全事故责任。巡查过程中，被巡查单位发生安全事故或突发事件的，巡查工作可暂时停止，择机恢复。

做好过程记录

巡查工作过程应做好记录，有关材料要做好存档。

严守工作纪律

严格落实中央八项规定精神和公司工作纪律，轻车简从、廉洁自律，严肃认真开展巡查工作。

2. 被巡查单位

确保资料提供

被巡查单位要高度重视，自觉接受、积极配合巡查组工作，如实反映安全生产情况，提供有关资料、信息系统访问权限等。

做好工作准备

被巡查单位统一安排巡查组办公、住宿地点。提供巡查工作办公基本条件，严格遵守保密法律法规和公司规定。

做好防疫保障

被巡查单位、巡查组应严格遵守国家、地方和公司防疫要求，落实常态化疫情防控措施，坚决杜绝发生疫情事件。

建立沟通渠道

被巡查单位明确一名工作联系人，提前报省公司安委办，做好工作衔接。

三、巡查违纪处罚

巡查工作要严格遵守国家安全生产法律法规和公司规章制度，严格遵守中央八项规定精神和党风廉政纪律。有下列情形之一的，视情节轻重，公司安委办会同组织部门、纪委办公室，给予批评教育或纪律处分：

（1）不如实报告巡查情况，隐瞒、歪曲、捏造事实的；

（2）工作中超越权限，造成不良后果的；

（3）谋取私利或者为他人谋取不正当利益的；

（4）违反中央八项规定精神或党风廉政纪律的；

（5）违反巡查工作纪律的其他行为。

被巡查单位要自觉接受巡查，积极配合巡查组开展工作，向巡查组如实反映情况，有下列情形之一的，视情节轻重，给予通报批评或纪律处分：

（1）隐瞒不报或者故意向巡查组提供虚假情况的；

（2）拒绝或者不按照要求提供相关文件材料、开放相关信息系统的；

（3）指使、强令有关单位或人员干扰、阻挠巡查工作的；

（4）拒不纠正存在问题或者不按照要求整改的；

（5）对反映问题人员进行打击、报复的；

（6）其他干扰巡查工作的情形；

（7）发生因巡查发现问题整改不力而引发安全事故（事件）的，对有关单位和责任人员进行提级处理。

四、巡查保密规定

巡查组组长对本组保密工作负总责，副组长协助组长做好保密管理工作。工作中涉密资料在收发、登记、分办、送审、传阅、保存、归档的各个环节都遵守公司的各项保密制度，不得扩大知悉范围，确保工作信息的安全。

根据《国网安徽省电力有限公司安全生产巡查工作规定（试行）》及国家电网公司保密工作有关规定，对安全生产巡查工作人员保密规定如下：

（1）自觉学习保密知识，提高保密意识，掌握保密技能；自觉接受保密教育和保密监督、检查，及时消除保密隐患；自觉遵守保密纪律、安全生产巡查纪律和员工保密守则。

（2）严格执行“涉密不上网、上网不涉密”的保密规定，工作中涉密资料在收发、登记、分办、送审、传阅、保存、归档的各个环节都要遵守公司的各项保密制度。

（3）严格保管巡查有关文件、资料，不擅自复印、扫描、传真或扩大知悉范围。

（4）未经授权或批准，不能将巡查工作文件、资料及信息透露给被巡查单位或第三方。

（5）不在短信、微信、博客、微博、各类论坛上发布巡查事项、发现问题及其处置信息。

（6）严格按照指定方式存储、流转有关资料，自觉检查工作设备，离开时及时关闭或开启密码锁定，有关文件资料及设备在不使用或离开房间时应妥善保管。

（7）定期检查个人持有的有关文件资料，按要求清退、销毁；工作任务完成后，主动清退有关文件资料。

（8）认真执行重大事项报告制度。发生泄密事件时，及时向巡查组组长报告，立即采取补救措施，绝不隐瞒、拖延。发现他人违反保密规定、泄密工作信息、文件及相关材料时，立即予以制止，并及时向巡查组组长报告。

安全生产巡查人员保密承诺书见图 1-2。

《安全生产巡查人员保密承诺书》示例如下：

安全生产巡查人员
保密承诺书
（第　安全生产巡查组）

巡查组组长：____________
巡查人员姓名：____________

20×× 年　月

根据《国网安徽省电力有限公司安全生产巡查工作规定（试行）》及国家电网公司保密工作有关规定，作为安全生产巡查工作人员，对保密责任和义务做以下承诺：

一、自觉遵守保密纪律、安全生产巡查工作纪律和员工保密守则，严格做到：

1. 自觉遵守保密纪律、安全生产巡查纪律和员工保密守则。

2. 严格保管巡查有关文件、资料，不擅自复印、扫描、传真或扩大知悉范围。

3. 未经授权或批准，不将巡查工作文件、资料及信息透露给被巡查单位或第三方。

4. 不在短信、微信、博客、微博、各类论坛上发布巡查事项、发现问题及其处置信息。

5. 严格执行"涉密不上网、上网不涉密"的保密规定，严格按照指定方式存储、流转有关资料，有关文件资料及设备在不使用或离开房间时应妥善保管。

6. 定期检查个人持有的有关文件资料，按要求清退、销毁，工作任务完成后主动清退有关文件资料。

二、巡查组组长对本组保密工作负总责，副组长协助组长做好保密管理工作。

工作中涉密资料在收发、登记、分办、送审、传阅、保存、归档的各个环节都要遵守公司的各项保密制度，不得扩大知悉范围，确保工作信息的安全。

三、认真执行重大事项报告制度。

发生泄密事件时，及时向巡查组组长报告，立即采取补救措施，绝不隐瞒、拖延。发现他人违反保密规定、泄密工作信息、文件及相关材料时，立即予以制止，并及时向巡查组组长报告。

四、巡查人员要自觉学习保密知识，提高保密意识，掌握保密技能。

自觉接受保密教育和保密监督、检查，及时消除保密隐患。

五、巡查人员若有违反上述承诺行为，将承担相应纪律责任直至法律后果。

六、本承诺书未尽事宜按国家有关法律法规和公司规定执行。

七、本承诺书一式三份，由巡查组组长与巡查人员签订，巡查组和巡查人员各执一份并报公司安委办备案。

巡查组组长：　　　　　　　　承诺人：

年　月　日　　　　　　　　年　月　日

图 1-2　安全生产巡查人员保密承诺书

五、巡查工作评价

巡查工作评价指标及考核见表 1-2。

表 1-2　巡查工作评价指标及考核

序号	评价内容	评价指标	指标考核
1	学习情况	**（1）学习态度：**集中培训期间的出勤情况、学习过程的表现（提问、研讨等）。 **（2）学习参与：**巡查准备工作的参与情况，如编写调研问卷、访谈提纲、巡查通告、实施方案等。 **（3）学习成效：**①熟悉政策法规，学习分析判断问题的政策法规依据，确保依法依规开展巡视工作；②熟悉运用掌握公司的管理规定和巡查工作制度，做出分析和评价；③掌握具有专业性、常识性、一般性的判断分析方法等	学习情况 25 分，其中学习态度 5 分、学习参与 10 分、学习成效 10 分，根据实际表现酌情打分
2	工作能力	**(1) 调查研究能力：**熟练掌握科学的方法，多听、多看、多思，重证据、重调查，采取座谈、个别访谈、听取汇报、列席会议、参加专题会议、处理来信来访等形式，学习借鉴相关部门和单位的经验做法；能够进行深入细致地调查研究，提高发现和捕捉问题的能力；能够树立证据意识，重事实，重调查研究；能够从多方面、多角度、多层次掌握了解真实情况。 **(2) 巡查重点内容和方向把握能力：**能把握工作内容和重点，突出工作重点，坚持问题导向，抓管理层履责、抓执行穿透。 **(3) 善于发现问题的能力：**能够透过现象看本质，善于发现苗头性、倾向性、普遍性及特殊性问题，特别是要找出问题产生的原因，研究分析问题的性质，把是什么、为什么、怎么办等问题搞清楚，深刻剖析安全生产管理突出问题，作出科学评价。 **(4) 分析总结归纳能力：**具备综合归纳、分析整理的能力。巡查工作中有大量的人和事以及相关信息，能够经过比较、分析鉴别，进行系统整合、筛选梳理，归纳整理，分析概括、总结提炼，去粗取精、去伪存真。 **(5) 报告材料撰写能力：**能够完成巡查工作报告的起草。巡查工作报告要抓住重点，简明扼要；要有观点、有分析、有根据、有建议；掌握必要的方法，力求做到结构清晰、观点鲜明、论据充分，特别是要有大量的数据和事例作支撑	工作能力 45 分，其中调查研究能力 10 分、巡查重点内容和方向把握能力 10 分、善于发现问题的能力 5 分、分析总结归纳能力 10 分、报告材料撰写能力 10 分，可根据各项指标实际表现酌情打分

续表

序号	评价内容	评价指标	指标考核
3	行为表现	**(1) 思想觉悟：**注重提高自己的政治修养，立场坚定，具有高度的政治觉悟和政治理论水平；能根据任务的要求，变化工作方法，处理问题。 **(2) 尽职尽责：**具有强烈的事业心和责任感，受到领导和同事们的一致好评；保质保量地完成本职工作，需要紧急加班不抱怨、不推诿。 **(3) 严于律己：**具有大局观念和组织观念强，不计较个人得失，全身心投入工作；立身正派，处事稳重，协作意识强；严守巡查纪律要求，认真遵守保密、回避等工作要求，严格贯彻执行中央八项规定精神	行为表现 30 分，其中思想觉悟、尽职尽责、严于律己各 10 分，可根据各项指标实际表现酌情打分

第六节　巡查档案管理

一、工作原则

齐全完整　所有巡查归档材料应该按规定分类、排序，确保完整有序，门类齐全，无一遗漏。

系统规范　巡查归档材料均应按形式要求保存、按规范要求归档、按制度要求管理，系统有序，科学规范。

保管安全　档案管理应定期进行安全检查，及时排除安全隐患，积极做好防范工作。

有效利用　巡查工作档案均可在符合保密、安全前提要求下进行查阅、复制，强化信息共享，合理利用资源。

真实准确 巡查工作档案应确保内容真实不虚假、字迹清晰可辨认、印章完整不模糊。

二、主要职责

公司巡查档案工作实行“谁承办、谁归档”，由安委办负责档案管理，做好承办文件材料收集、整理和归档工作，巡查组在巡查工作期间，履行以下档案管理职责：

（1）负责由巡查组承办的文件材料档案管理工作；

（2）负责按规定向安委办移交归档材料；

（3）完成领导小组交办的其他材料相关任务。

三、归档材料清单

所有适用于带有领导批示或个人签字、单位印章等需保存原始文件及格式的资料应当以纸质文档的形式归档保存；所有适用于无须保存原始文件，且考虑到便于重复调用的资料应当以电子文档的形式归档保存。归档材料清单主要包括但不限于以下内容：

（1）巡查实施方案；

（2）巡查组保密承诺书；

（3）已发布巡查公告；

（4）巡查调研问卷、各类访谈提纲、发言材料及座谈会方案；

（5）巡查问卷数据、各类访谈及会议记录；

（6）巡查资料清单及问题记录清单；

（7）巡查过程情况通报；

（8）邮箱来访信息登记表及原始数据；

（9）巡查工作报告；

（10）巡查综合材料移交审批表；

（11）巡查组移交材料交接单；

（12）立行立改问题台账及移交表；

（13）安全有关事项抽查情况表（如有）。

四、归档规范

1. 归档基本方式

（1）安委办建立巡查工作档案库，归档材料统一由巡查组组织存入档案库。对于公司档案管理办法中规定的归档材料，原件应当按照有关要求由巡查组归档；复印件存入安委办工作档案库。

（2）巡查组于工作结束后，将应归档材料按规定履行移交程序交安委办，经其校核后统一组织存入档案库。

（3）纸质文档按照事由原则，以件为单位进行整理，一般情况下，每份及相关材料文件为一件，件号依次填入归档文件目录。

（4）电子文档在移交时，按照事由原则，以类别为单位进行整理。

2. 归档参考规范

（1）纸质文档归档方法可参照《国家电网公司档案管理办法》[国网（办/2)417—2014]、《国家电网公司录音录像档案整理规范》[国网（办/4)930—2018]、《国家电网公司文书档案整理规范》[国网（办/4)923—2018]、《国家电网公司照片档案整理规范》[国网（办/4)929—2018]。

（2）电子文件的整理鉴定与归档要求应参照《电子文件归档与电子档案管理规范》(GB/T 18894—2016)。

（3）各类档案盒规格、式样和质量应符合《文书档案案卷格式》(GB/T 9705—2008)、《科学技术档案案卷构成的一般要求》(GB/T 11822—2008)、《归档文件整理规则》(DA/T 22—2015) 和《照片档案管理规范》(GB/T 11821—2002) 等的要求。

第二章 巡查工作内容

安全生产巡查工作主要在安全生产决策部署贯彻、安全目标管理、安全责任体系、安全基础保障、安全保证体系、安全监督体系、双重预防机制、应急管理工作八个方面检查被巡查单位的安全履责情况，本章根据各专业职责划分，将巡查内容分解为综合部分、安监部分、运检部分、营销部分、建设部分、发策部分、调度部分、网络信息部分、直属单位、省管产业部分和后勤部分，分别介绍具体的巡查重点、资料清单及典型问题。

第一节 综合部分

一、党中央、国务院安全生产重要部署学习贯彻情况，安全生产法律法规落实情况

巡查重点

（1）检查各级单位各层级学习习近平总书记关于安全生产的重要论述情况。

（2）检查各级单位各层级学习党中央、国务院安全生产重要部署情况。

（3）检查对《中华人民共和国刑法修正案（十一）》、新《安全生产法》等的学习情况。

资料清单

领导班子碰头会、党委会、安委会、理论中心组学习、安全日活动学习记录。

典型问题

未组织学习习近平总书记关于安全生产的重要论述，党中央、国务院关于安全生产的重要部署，安全生产法律法规。

二、《中共中央国务院关于推进安全生产领域改革发展的意见》落实情况

巡查重点

（1）检查各级单位专项问题梳理清单、任务清单，检查责任分解、时间节点落实情况，检查工作任务督办情况。

（2）检查市县公司、直属单位主要领导、分管领导对办公系统文件的批阅情况。

资料清单

《中共中央国务院关于推进安全生产领域改革发展的意见》任务清单、任务督办记录。

典型问题

没有按照省公司实施方案内容，开展专项问题梳理，制定任务清单、分解细化责任、明确时间节点，对落实情况没有开展督促、检查。

三、安全生产专项整治三年行动开展

巡查重点

（1）检查工作整体推进情况，各层级工作推进和问题隐患梳理情况。

（2）检查“两个专题”落实情况。

（3）检查“九个专项”排查情况。

（4）检查“两个清单”“十张表”“一个库”建立情况。

（5）检查信息系统使用情况。

（6）检查问题隐患整改推进情况。

资料清单

（1）安全生产专项整治三年行动计划实施方案、“三下三上”工作方案及过程督办资料。
（2）问题隐患和制度措施“两个清单”。
（3）“两个专题”“九个专项”“两个清单”“十张表”“一个库”。
（4）问题隐患梳理及信息系统。
（5）已整改问题佐证材料、立项情况。

典型问题

（1）未按照“两个专题”“九个专项”开展排查，信息系统未及时维护，仍存在未立项项目。
（2）“两个清单”未经安委会审议。
（3）未将集中整治任务纳入年度安全生产工作重点，安委会未定期督办整治进度。
（4）问题隐患超整改期限仍未整改或整改落实不到位。

四、省公司安全生产工作意见及重大工作执行部署情况

巡查重点

（1）检查对省公司安全生产工作意见及重大工作执行部署情况。
（2）检查各级单位任务分解与阶段性落实情况。

资料清单

（1）各级单位落实公司安全生产工作意见的发文。
（2）各级单位安全工作重点任务分解表。
（3）年度安全生产重点任务计划月度检查、考核记录。

典型问题

未细化、分解本单位安全生产工作措施，未督促检查推进情况。

五、国家电网公司、省公司安全生产重要会议精神传达落实情况

巡查重点

（1）检查各级单位主要领导、分管领导对办公系统重要安全生产文件的批阅情况。
（2）检查分管领导具体安排、各专业部门实施落实情况。
（3）检查各专业部门传达、落实有关会议精神情况。

资料清单

（1）工作布置有关会议资料，包括主要领导、分管领导讲话材料及过程检查资料。
（2）上级会议部署的重点事项执行落实情况相关材料。
（3）党委会、安委会学习记录。

典型问题

（1）主要领导未亲自批阅上级安全生产会议精神、未明确传达学习和工作要求，分管领导落实安全生产会议精神工作不具体。
（2）会议精神没有传达到基层单位，未结合本单位实际情况制定有关工作措施。

六、年度安全目标设定及保证措施制定、落实情况

巡查重点

（1）检查各级单位对年度安全目标分级管控落实情况。
（2）检查对未完成目标的单位、部门考核落实情况。

资料清单

（1）各级单位安全目标（安全生产工作意见）文件。
（2）安全目标责任考核记录及支撑材料。

典型问题

（1）目标设定未结合本单位实际，未制定保证安全生产目标实现的控制措施。

（2）对未完成目标的单位、部门未执行考核。

七、“一票否决”情况

巡查重点

（1）结合上级和本单位事故通报，检查干部考核、提拔、任用“一票否决”执行情况。

（2）结合上级和本单位事故通报，检查本单位评先、评优“一票否决”执行情况。

资料清单

（1）干部考核、选拔、提拔、任用文件。

（2）干部评优、评先等调取的安监部证明材料。

（3）评优、评先方面安监部门意见的审批文件。

典型问题

对造成后果的单位和个人，未在评先、评优和干部考核、提拔、任用等方面实行“一票否决制”。

八、“一岗双责”和“三个必须”落实情况

巡查重点

（1）检查领导班子安全履责情况；

（2）检查在干部考核、选拔、任用过程中，是否把安全生产工作业绩作为考察干部的重要内容的落实情况。

巡查重点

（3）检查分管领导是否按规定参加或主持安全工作会议，协商解决危及安全生产的隐患及问题，对分管专业安全工作提出意见和建议，强调部署重点工作情况。

（4）检查对事故（事件）单位党委（支部）书记按“一岗双责、同奖同罚”原则的处罚情况。

（5）检查领导班子成员安全生产责任清单和年度安全生产工作清单与本单位实际结合情况。

资料清单

（1）领导班子安全述职报告。

（2）干部考核、选拔、任用标准文件。

（3）专业安全分析会材料或会议纪要。

（4）各级领导及专业部门到岗到位监督和“四不两直”监督、专业专项检查（督查）等材料。

（5）事故（事件）对党委（支部）书记处理情况。

（6）各专业工作会议领导讲话及部门发言材料。

（7）年度绩效考核办法及日常考核结果。

（8）领导班子成员安全生产责任清单和年度安全生产工作清单。

典型问题

（1）主要负责人、党组（党委）书记在干部考核、选拔、任用过程中，未将安全生产业绩作为重要考察内容。

（2）领导班子成员对分管工作重业务、轻安全，未按照“五同时”要求将安全工作与业务工作同时开展。

（3）未对发生事故（事件）单位党委（支部）书记按照“一岗双责、同奖同罚”原则进行相应的处罚。

（4）未将安全生产管理作为重要指标纳入本单位绩效考核范畴并按相应办法落实执行。

（5）领导班子“两个清单”未定期修订、内容与实际工作不符，领导人员没掌握本岗位“两个清单”内容。

九、安全生产责任体系建立健全情况

巡查重点

检查安全生产责任制考核情况，考核结果与履职评定、职务晋升、薪酬分配、人才评价、奖励惩处挂钩情况，实行安全事故党纪政纪和经济处罚等责任追究情况。

资料清单

（1）近 3 年安全奖惩考核兑现记录。

（2）安全生产事故责任人党纪政纪和经济处罚有关决定的会议资料。

（3）近 3 年本单位干部考核、选拔、任用文件。

典型问题

（1）安全生产责任制考核结果未与履职评定、职务晋升、人才评价、奖励惩处挂钩、兑现。

（2）未建立安全事故党纪政纪责任追究机制。

（3）对发生事故受撤职处分的主要领导、分管领导，未执行 5 年内不得担任任何单位主要领导的规定。

十、领导干部到岗到位执行情况

巡查重点

（1）检查各单位结合安全生产计划，制定领导干部到岗到位计划的落实情况。

（2）检查六级及以上电网运行风险、新建变电站启动投运、母线及全站停电操作等 8 个重点工作领导干部到岗督导检查情况。

（3）检查领导干部在各类作业现场到岗到位督查检查情况。

（4）检查到岗到位执行汇总统计和整改督办情况。

资料清单

（1）到岗到位计划、汇总统计表。

（2）重点工作到岗到位检查记录。

（3）问题整改督办资料。

典型问题

（1）副总师及以上领导未按规定到岗到位检查、指导，检查、考核无记录。

（2）到岗到位检查无计划，存在重复到达现场或班组督导检查。

（3）对到岗到位情况未定期总结通报，对发现的问题整改情况未跟踪督办。

第二节　安监部分

一、安全责任清单修订及“四结合”情况

巡查重点

（1）检查安全责任清单动态修订情况。

（2）检查安全责任清单批准、发布、公示、培训情况；检查清单内容对各组织、各岗位的覆盖情况；检查清单内容与实际的一致性以及根据机构、岗位滚动修编情况。

（3）检查安全责任清单的落实执行与教育培训、专业管理、监督检查、奖惩考核相结合的情况。

（4）检查不同层级人员对自身安全职责掌握情况，验证安全责任清单公示培训效果。

资料清单

（1）各级单位安全责任清单文件。

（2）安全责任清单公示支撑材料、培训记录。

（3）检查专业管理、监督检查、奖惩考核记录。

典型问题

（1）安全责任清单未按照国家电网公司最新的安全责任清单典型模板进行修订。
（2）安全责任清单未经本单位安委会批准并发布、公示、培训，内容未覆盖各组织、各岗位，与实际不相符，未根据机构、岗位调整滚动修编。
（3）主要领导、分管领导、有关部门负责人对岗位安全职责不清楚。
（4）部分岗位人员特别是非生产部门人员不清楚岗位安全职责，财务、人资、组织、党建、监察、工会等部门参与安全工作的保障支撑作用不强。

二、事故（事件）调查处理和“四不放过”落实情况

巡查重点

（1）检查各级单位安监部门牵头开展事故（事件）统计、分析、上报工作的执行情况。
（2）核查有关生产管理系统记录和人资系统关于事故（事件）经济处罚执行情况。
（3）检查对重复发生、性质恶劣的安全事件提级处罚的落实情况。
（4）检查新版事故调规的学习宣贯情况。

资料清单

（1）近3年安全事故（事件）明细。
（2）近3年35kV及以上设备、线路跳闸明细汇总表（市县公司分开统计）。
（3）每起事故（事件）闭环管理材料[即时报告、调查处理报告书、有关报表、事故（事件）整改材料等]。
（4）责任追究意见落实情况[有关事故（事件）绩效考核支撑文件、相关责任人教育培训和处罚记录等。

典型问题

（1）对发生事故（事件）未开展事故原因调查、制定整改措施，未对责任人员进行安全教育和处罚。
（2）安全事故（事件）未按规定上报上级单位和政府部门。
（3）未对事故（事件）单位党委书记按照“一岗双责、同奖同罚”的原则进行处罚。
（4）未牵头组织新版事故调规的学习宣贯。

三、事故（事件）报告、统计、整改评估情况

巡查重点

（1）检查各级单位安全生产事故（事件）信息报送情况。
（2）检查各级单位事故整改后评估情况。

资料清单

（1）近3年安全事故（事件）报告。
（2）近3年的月度、年度安全事故（事件）报表。
（3）事故整改后评估工作资料。

典型问题

（1）未开展事故（事件）报告、统计。
（2）事故（事件）报告（报表）未报送上级单位。
（3）未开展事故整改后评估工作。

四、事故（事件）警示教育情况

巡查重点

（1）检查各级单位对国网系统近2年事故通报学习情况、警示教育情况、专题安全日活动情况及进行停工整顿的执行情况。
（2）检查各级单位对国网系统事故（事件）通报的整改措施落实情况。
（3）检查施工方案中与安全事故类似的作业方式、违章行为等情况。

资料清单

（1）国家电网公司、省公司系统事故（事件）通报学习材料及警示教育记录、专题安全日活动资料。
（2）本专业管理部门月度安全分析会记录及班组安全日活动记录。

典型问题

（1）对国网公司系统近2年事故（事件）通报的主要内容不知情。
（2）未按要求开展专题安全日活动或停工整顿。
（3）没有结合本单位实际情况吸取应有的教训、制定对应的措施。

五、安全生产教育培训情况

巡查重点

（1）检查各级单位近 3 年安全培训计划及开展情况，培训内容是否结合岗位安全知识、安全技能要求进行编制，培训效果有无实质性评价。

（2）检查领导干部安全管理培训、作业人员安规考试全覆盖情况，检查“先培训后上岗”制度执行情况。

（3）检查工作票“三种人”培训考试、特种作业人员持证上岗开展情况。

（4）检查安全培训档案建立情况。

资料清单

（1）单位年度安全教育培训方案、计划。

（2）培训计划实施支撑材料。

（3）单位及个人培训档案。

（4）“三种人”等关键人员培训考试材料及名单发布文件。

（5）配电网工程安全宣讲、中心供电所关键人员培训材料。

（6）新入职人员及转岗人员名单和安全教育培训材料。

（7）施工类企业主要负责人和安全生产管理人员培训、取证材料。

（8）专业管理部门安全技能培训记录。

（9）特种作业人员培训和持证资料。

典型问题

（1）人员安全培训考试流于形式，未真正起到提升安全意识的作用。

（2）未结合专业特点编制实用的培训内容，对各级领导干部未开展安全管理培训，主要负责人、安全生产管理人员未持证上岗，作业人员安规培训考试未全覆盖，对考试不合格人员未按规定进行管控。

（3）特种作业人员未全部参加安全培训和持证上岗。

（4）没有建立员工培训档案，未开展生产一线人员安全技能等级认证评价工作。

六、反违章工作开展情况

巡查重点

（1）检查违章分析、通报、考核情况。
（2）检查领导干部和保证体系管理人员查处违章记录。
（3）检查无违章班组创建情况。
（4）“四不两直”“双随机”现场监督检查开展情况。
（5）检查外包队伍准入、退出机制。
（6）检查安监部门对反违章跟踪监督、评估、考核情况。
（7）检查现场作业反违章平台建设应用情况，检查作业现场视频监控、智能安全帽、移动监控智能终端等应用情况。

资料清单

（1）反违章工作相关制度。
（2）近3年违章整改通知书，违章整改闭环情况记录，阶段性违章统计、分析、小结。
（3）违章记分档案。
（4）“黑名单”及重点关注名单发布及应用资料。
（5）作业现场移动监控终端设备台账。

典型问题

（1）预防违章和查处违章的工作机制运转不良，违章屡禁不止，反违章成效不足。
（2）未采取违章曝光和违章记分等手段，未定期通报反违章情况。
（3）外包队伍准入、退出机制未结合外包队伍反违章被查处情况。
（4）领导干部和保证体系管理人员未查处违章，认为反违章是安监或安全督查人员的事，安监部门对反违章跟踪监督、评估、考核发挥作用不强。

七、安全工器具、施工机具管理情况

巡查重点

（1）检查安全工器具隐患排查治理情况。
（2）检查本单位特种设备安全管理机构完善情况，检查特种设备的安全管理责任和安全监督责任执行情况。

资料清单

（1）安全工器具及施工机具管理制度。
（2）安全工器具配置标准。
（3）安全工器具及施工机具存储、检验、使用、报废、更新资料。

典型问题

（1）未建立或动态更新安全工器具、施工机具台账和检验记录，输电线路施工前未开展施工机具现场监督检验。
（2）安全工器具隐患排查工作未正常开展。
（3）无安全工器具配置标准，安全工器具无法满足工作需求。
（4）安全工器具、施工机具等检验管理不到位。
（5）无资质开展对外单位安全工器具、施工机具检验。

八、安全督查和严重及以上违章整改闭环情况

巡查重点

检查对上级单位督查发现问题的整改情况。

资料清单

（1）近 3 年本单位自查通报的严重及以上违章整改闭环材料。
（2）近 3 年上级单位督查通报的违章整改闭环材料。

典型问题

未对“四不两直”安全督查等发现的问题开展整改闭环，问题整改不到位，整改措施未落实。

九、安委会、安全例会制度执行情况

巡查重点

（1）检查本单位对安全重大问题的研究、解决及会后督办的落实情况。

（2）检查对安全生产问题分析、解决的执行情况。

（3）检查“月计划、周安排、日管控”机制运转情况及安全风险日常管控和协调情况。

资料清单

（1）各级单位安委会组成文件、安委会会议纪要、记录等材料。

（2）各级单位月、周、日例会相关记录。

（3）各级单位安委会的工作规则、制度文件。

（4）各级单位日管控会议记录。

典型问题

（1）没有定期召开安委会会议，或安委会没有分析本单位重大安全风险，没有研究、解决安全重大问题，对议定事项未开展执行监督。

（2）安全生产月度例会没有协调解决安全工作中的问题，对制定的整改措施没有督促检查。

（3）安全监督例会未正常召开。

（4）班组安全活动未联系实际、无针对性；上级主管领导未每月参加班组安全活动并检查活动情况。

十、领导班子安全述职、管理人员安全履职评价、基层人员安全等级评定情况

巡查重点

检查安全述职、安全履职评价、安全等级评定制度的执行情况。

资料清单

（1）各级单位领导班子成员及安全总监安全述职材料（每年至少一次）。
（2）管理人员安全履职评价材料。
（3）基层人员安全等级评定执行情况的支撑资料。

典型问题

（1）本单位（含市公司、县公司、省管产业单位）领导班子成员未进行年度安全述职。
（2）领导班子安全述职内容空泛，未与本职岗位和分管范围紧密结合，未提出存在的问题和改进措施。
（3）地市公司未对下级单位的安全总监开展安全述职专题会议，未对安全总监工作进行有效评议。
（4）未按要求开展管理人员安全履职评价。
（5）未对基层人员开展安全等级评定工作。

十一、安全生产规章制度立改废和执行情况

巡查重点

（1）检查安全生产制度以及制度执行情况。
（2）检查本单位现行有效的规程制度清单的公布情况。
（3）检查地市、县公司级单位编制、修订、复查现场运行、检修规程的情况。

资料清单

（1）地市公司级单位、县公司级单位的安全生产制度。
（2）地市公司级单位、县公司级单位规程制度清单。
（3）调控规程、最新现场运行和检修规程。

典型问题

（1）省公司级与地市公司级、县公司级单位的安全生产制度未有效衔接，存在空白。

（2）地市公司级、县公司级单位未定期发布规程制度清单。

（3）规章制度在基层、一线未真正落实执行，对省管产业、外包（分包）队伍执行情况缺乏有效监督和落实手段。

（4）上级制度中明确要求基层单位出台细化执行措施的，未结合本单位实际对照细化出台执行细则。

十二、安全督查手段执行情况

巡查重点

检查“互联网＋安全监督”等手段实施情况。

资料清单

安全督查中心日常运转的例行工作记录。

典型问题

安全督查中心未投入运行并有效运转，未对本单位安全生产起到支撑作用。

十三、安全费用提取及使用情况

巡查重点

检查安全费用项目计划明细编制和执行情况。

资料清单

（1）年度安全费用财务预算文件。

（2）单位营业收入情况，安全费用额度提取和使用情况等资料。

（3）安全费用项目计划明细表及执行情况。

典型问题

（1）未编制年度安全费用提取和使用计划并纳入财务预算。

（2）没有将安全费用优先用于满足安全生产监督管理部门对企业安全生产提出的整改措施或达到安全生产标准所需的支出。

十四、安全工作奖惩情况

巡查重点

（1）检查新版《安全工作奖惩规定》的执行情况。

（2）检查《安全生产奖惩实施细则》修订情况和奖惩兑现情况。

资料清单

（1）单位奖惩文件（奖惩实施细则）。

（2）安全奖发放明细、各类安全奖项兑现资料。

（3）重大隐患举报奖励制度执行情况。

（4）安全特殊贡献奖。

（5）违章处罚材料。

（6）安全事故（事件）处罚材料。

典型问题

（1）没有根据新版《安全工作奖惩规定》建立或修订本单位《安全生产奖惩实施细则》。

（2）未按奖惩文件兑现各项奖励。

十五、安全技术劳动保护措施计划执行情况

巡查重点

（1）检查安全性评价结果、隐患排查结果、上年度暴露的问题是否纳入安措计划等情况。

（2）检查电力施工企业年度安全技术措施计划及项目安全施工措施编制与落实情况。

（3）检查安措计划执行监督考核情况。

资料清单

各级单位近3年安措计划文件、完成情况资料。

典型问题

（1）未编制安全技术劳动保护措施年度计划。

（2）未将安全性评价结果、隐患排查结果、上年度暴露的问题等作为制定安全技术劳动保护措施计划的重要依据。

十六、落实反事故措施执行监督职责情况

巡查重点

检查安监部对反事故措施计划实施的监督情况，以及建立的考核机制及落实情况。

资料清单

反事故措施执行监督相关材料。

典型问题

安全监督管理机构对计划实施情况未开展监督，未建立相应的考核机制。

十七、零购项目管理情况

巡查重点

检查近 3 年安监类零购项目管理情况。

资料清单

（1）近 3 年安监类零购项目清单。

（2）仪器仪表台账及近 3 年安监类仪器、物资采购单。

（3）领用手续、领料单及签批记录。

典型问题

零购及仪器仪表管理存在问题：供应商供货减配（对照仪器台账、物资领料单，班组现场核查），以次充好；领用流程不规范（比对账、卡、物检查未对应）；存在私自换货、不通过仓库而直接发货到班组的情况。

十八、消防安全管理工作开展情况

巡查重点

检查组织消防安全管理制度编制、安全专项检查情况。

资料清单

（1）消防安全领导组织机构文件、消防安全管理制度。

（2）消防安全专项检查开展记录。

典型问题

（1）消防机构未建立，行政正职未作为第一责任人。

（2）消防制度分工不明确。

（3）未定期开展消防演练。

（4）消防专项检查支撑材料不全。

十九、安全监督支撑及人员配置情况

巡查重点

（1）检查安全总监选拔任用及履责情况。

（2）检查各级安全监督机构、岗位设置、安监人员配置、持证上岗情况。

（3）检查地市、县公司安全督查队伍建设及运转成效。

资料清单

（1）各级安全总监任命文件。

（2）本单位组织机构及岗位设置文件。

（3）本单位安全监督机构设置及人员明细表。

（4）本单位安全稽查队伍成立方案、督查工作开展有关资料（计划、记录、督办单等）。

（5）安全监督网成员文件。

（6）安全督查中心建设情况（硬件、人员配置、相关管理制度、值班记录等）。

典型问题

（1）未建立三级安全监督网。

（2）安监人员未持证上岗。

（3）安全总监未按要求设置或未履行安全总监职责。

（4）督查队伍人员配置不满足工作需要，安全督查队伍工作成效未能有效体现、无评价标准，对督查发现问题的整改通知、整改反馈不闭环。

二十、安全生产专项活动开展情况

巡查重点

（1）检查春、秋季安全大检查等各类专项行动活动中发现的各类问题闭环整改情况。

（2）检查各类风险隐患排查整治、安全生产标准化建设等活动开展情况。

资料清单

（1）近3年上级单位安全检查通报问题或反馈意见整改的有关资料。

（2）近3年本单位安全检查通报问题整改的有关资料。

（3）近3年安全专项活动（春秋检、安全生产月）的方案、问题清单、总结、督办、通报考核等其他相关过程资料。

典型问题

（1）专项活动走形式，专业检查不深入。

（2）对发现问题的整改没有督查督办，安全问题重复出现。

二十一、安全生产全过程责任追溯落实情况

巡查重点

（1）对照安全事故（事件），检查是否按照职责管理范围，从规划设计、招标采购、施工验收、生产运行、教育培训和安全监督管理等各个环节进行落实，对发生安全事故（事件）的单位及责任人是否进行责任追究和处罚。

（2）对照安全事故（事件）清单检查安全通报、约谈、“说清楚”制度执行情况。

（3）安全事故统计分析情况。

资料清单

（1）安全事故（事件）分析整改报告。

（2）违章惩处及违章整改相关资料。

（3）针对典型安全事件和特别严重违章开展约谈、“说清楚”及处罚、安全督办等情况的相关记录、会议纪要、通报。

典型问题

（1）未对发生安全事故（事件）的单位各环节失职、渎职人员进行责任追究和处罚。

（2）未对安全管理混乱或发生事故的单位开展安全通报、约谈或“说清楚”。

二十二、生产作业安全风险管控情况

巡查重点

（1）检查安全生产风险管控平台（移动作业 App）作业实施全过程管理情况。

（2）检查生产作业风险定级情况。

（3）检查产业单位承揽的内、外部工程施工作业计划管控情况。

（4）检查风险定级和发布情况。

（5）检查作业过程中风险管控情况、到岗到位情况。

（6）检查分包队伍、人员的准入情况，以及交底、许可手续的规范性。

（7）检查作业计划内容中工作票种类、工作负责人及联系方式、工作地点、到岗到位人员、作业人数与现场及工作票中内容的一致性、工作票中“三种人”与发文人员名单的一致性。

（8）检查班组当月或上一个月的作业项目明细（已终结工作票），对照其公司当月或上月的作业计划，核查计划管控情况。

（9）检查直属单位、省管产业单位作业风险公示情况。

资料清单

（1）生产作业安全风险管控相关制度。

（2）作业班组勘察记录、"三措一案"（施工方案）、工作票。

（3）近 3 年临时检修计划审批有关资料。

（4）近 3 年工作票（作业票）月度评审报告。

（5）近 3 年安全督查考核、整改情况有关资料。

（6）近 3 年工作票"三种人"名单。

（7）近 3 年生产工程月度安全例会有关资料。

（8）按抽查外包工程或业务，提供以下资料：

1）招标文件，承包商企业资质和管理人员、作业人员资质证明；

2）业主、监理、施工项目部成立文件；

3）工程合同、安全协议；

4）开工报告；

5）施工队伍保险合同、安全生产费用提取和使用计划；

6）发包方组织的施工人员培训、考试记录；

7）现场勘察、安全技术交底记录和施工方案，安全工具和施工机具现场核查记录、工作票（施工作业票）；

8）管理人员检查记录、整改通知单、整改报告；

9）到岗到位记录；

10）作业安全风险预警管控单。

典型问题

（1）未建立作业安全风险预警管控全过程监督、检查、评价、考核机制。

（2）未建立生产作业安全风险分级管控制度。

（3）配电网作业计划性差、临时检修多，作业计划未优先安排人身、设备隐患整改，月计划未纳入周管控。

（4）未开展现场勘察、风险评估，未制定"三措一案"（施工方案），作业现场未按"三措一案"（施工方案）严格执行。

（5）未按照风险等级落实领导干部到岗到位和现场安全督查。

（6）缺乏信息化和新技术手段，作业现场安全督查未实现全覆盖。

（7）作业风险未公示。

二十三、安全隐患排查治理情况

巡查重点

（1）检查安全隐患排查治理、闭环管理和奖惩考核方面的工作机制建立健全情况。

（2）检查安全隐患排查治理组织开展情况。

（3）检查本专业归口管理职责，组织、指导、协调专业范围内隐患排查治理工作落实情况。

（4）检查安全隐患闭环管理情况。

（5）检查重大安全隐患执行逐级挂牌督办、“两表一单”制度情况。

（6）检查安全隐患排查治理工作督办情况。

资料清单

（1）隐患排查记录、整改资金计划，隐患评估、录入系统管控情况。

（2）按照隐患严重程度逐级挂牌督办记录。

典型问题

（1）规避隐患排查治理指标考核，对缺乏整改资金的隐患未录入系统，隐患线下流转，失去有效管控。

（2）对应纳入隐患管控的缺陷未开展评估，整改资金投入无重点；隐患治理与技改大修缺乏统筹管理，部分技改项目与隐患治理存在重复施工。

（3）隐患治理无督办记录，重大隐患未向当地政府和本单位职代会报告。

（4）隐患治理未实施全过程闭环管控。

二十四、领导干部和管理人员到岗到位执行情况

巡查重点

（1）检查各单位结合安全生产计划制定到岗到位计划情况。

（2）检查六级及以上电网运行风险、新建变电站启动投运、母线及全站停电的操作等 8 个重点工作到岗督导检查记录。

（3）检查三级及以上作业风险、输变电工程施工到岗督导检查记录。

（4）检查到岗到位执行汇总统计和整改督办资料。

资料清单

（1）到岗到位计划、汇总统计表。

（2）重点工作到岗到位检查记录。

（3）问题整改督办资料。

典型问题

（1）副总师及以上领导、各级职能部门管理人员未按规定到岗到位检查、指导，检查、考核无记录。

（2）到岗到位检查无计划，存在多部门、多岗位重复到达现场或班组督导检查情况。

（3）对到岗到位情况未定期总结通报，对发现的问题整改情况未跟踪督办。

二十五、应急体系建设规划、推进情况

巡查重点

（1）检查实施方案制定情况。

（2）检查建设任务完成情况。

资料清单

（1）年度应急工作计划制定及落实情况资料。
（2）应急组织体系发文及过程运转资料。
（3）本单位《预警发布工作细则》及《应急响应工作细则》。

典型问题

（1）未制定年度应急工作计划。
（2）应急领导体系、组织体系未规范建立、运转。
（3）未制定本单位《预警发布工作细则》及《应急响应工作细则》。

二十六、应急预案编制（修订）、评审、报备、发布情况

巡查重点

（1）检查各级单位应急预案最新修订、评审、报备资料。
（2）检查应急预案合规性检查开展情况。
（3）检查针对工作场所、岗位的应急处置卡。
（4）检查应急预案定期评估情况。
（5）检查网络安全事件、防范和应对处置恐怖活动应急预案。

资料清单

（1）各单位应急预案最新修订、评审、报备资料。
（2）应急预案合规性检查开展情况资料。
（3）各类工作场所、岗位应急处置卡。
（4）应急预案定期评估报告。
（5）各类专项应急预案资料增补修编资料。

典型问题

（1）总体应急预案评审未通过上级主管部门评审。
（2）应急预案未开展专家评审和向能源局备案。
（3）未落实三年一轮次的应急预案修订工作。
（4）未开展应急预案合规性检查，未定期开展应急预案评估。
（5）未按要求完善专项应急预案体系，缺少部分专项应急预案。

二十七、应急培训演练和应急能力评估情况

巡查重点

（1）检查应急预案、应急知识技能培训情况。
（2）检查本单位年度应急演练计划制定及开展情况。
（3）检查和政府部门联动演练情况。
（4）检查应急能力评估工作开展情况。

资料清单

（1）应急能力评估工作相关资料。
（2）应急能力评估后续整改相关资料。
（3）本单位年度应急演练计划、应急演练、应急预案演练评估及问题整改有关资料。
（4）年度应急培训计划，应急基干队员、抢修队员参加应急技能培训有关资料。

典型问题

（1）未开展应急能力评估。
（2）未针对应急能力评估存在的问题落实闭环整改。
（3）未制定年度应急演练计划，未按计划组织开展应急演练，未落实三年一个周期的专项预案演练全覆盖。
（4）未制定年度应急培训计划，应急基干队员、应急抢修队员未落实定期轮训。
（5）迎峰度夏、大面积停电、变电站消防、防汛等重点应急演练未开展。

二十八、应急指挥中心建设，应急队伍、物资装备配置情况

巡查重点

（1）检查各级应急指挥中心建设运行情况。

（2）检查应急救援基干分队、应急抢修队伍和应急专家队伍建立及培训情况，检查应急装备、应急物资管理情况。

（3）检查相关单位的应急基地建设情况。

（4）检查电网、设备、气象、地理信息和突发灾害现场视频等实时接入情况。

（5）检查应急指挥中心硬件升级改造方案制定及执行情况。

（6）检查电网防台、抗台应急准备工作情况。

资料清单

（1）应急救援基干分队、应急抢修队伍和应急专家队伍有关设立文件，重大突发事件应急处置决策咨询资料。

（2）应急装备配置资料及维保资料。

（3）应急仓库建设情况、物资管理制度及清单、应急物资储备资料。

（4）应急指挥中心升级改造情况、技术支撑系统接入及功能完善资料。

（5）应急指挥中心运转管理制度及常态化运维、应用资料。

典型问题

（1）应急救援基干分队、应急抢修队伍名单未定期更新，突发事件应急处置未发挥应急专家作用。

（2）应急装备配置不齐，未定期维护保养。

（3）未建立应急物资仓库和应急物资储备，或应急物资台账不完善。

（4）应急指挥中心的技术支撑不满足应急指挥的实际需要。

（5）应急指挥中心常态运转机制不完善，应急处置过程中未及时启用。

二十九、重大保电工作开展情况

巡查重点

检查重大活动、重要节日等保电工作方案、专业工作实施方案及开展情况。

资料清单

（1）重大活动、重要节日等保电工作方案及专业子方案。

（2）应急值班表及相关值班记录（含值班日报）、工作汇报、表彰奖励文件等。

（3）保电方案现场执行情况资料。

（4）保电工作总结资料。

典型问题

（1）保电工作方案及专业子方案不符合保电工作实际。

（2）保电方案现场执行不到位。

（3）未及时开展保电工作总结。

第三节 运检部分

一、安全责任清单修订及“四结合”情况

巡查重点

（1）检查安全责任清单动态修订情况。

（2）检查安全责任清单的落实与教育培训、专业管理、监督检查、奖惩考核相结合的情况。

（3）检查不同层级人员对自身安全职责掌握情况，验证安全责任清单公示培训效果。

资料清单

（1）本专业安全责任清单。

（2）安全责任清单培训记录。

典型问题

（1）安全责任清单未覆盖本专业各组织、各岗位，与实际不相符，未根据机构、岗位调整滚动修编。

（2）安全责任清单未经培训，部分岗位人员不清楚岗位安全职责。

二、事故（事件）调查处理和“四不放过”落实情况

巡查重点

（1）检查本专业对事故（事件）调查整改措施落实情况，有关人员受教育情况。

（2）检查新版事故调规的学习宣贯情况。

资料清单

（1）本专业对事故（事件）调查整改闭环材料，相关人员受教育记录。

（2）新版事故调规的学习宣贯记录。

典型问题

（1）事故（事件）整改措施未落实，有关人员未受到教育。

（2）未落实新版事故调规的学习宣贯。

三、事故（事件）警示教育情况

巡查重点

（1）检查本专业对国网系统近 2 年事故（事件）通报学习情况、开展专题安全日活动或进行停工整顿情况。

（2）检查本专业对国网系统事故（事件）通报的整改措施落实情况。

（3）检查工程施工中与安全事故类似的作业方式、违章行为等情况。

资料清单

（1）国网系统通报的本专业事故（事件）相关学习材料及警示教育记录。

（2）本专业月度安全分析会记录及中心、班组安全日活动记录。

典型问题

（1）对国网系统近年来事故（事件）通报的主要内容不知情。

（2）事故（事件）教育吸取不到位。

（3）未按要求开展专题安全日活动或停工整顿，没有结合本单位实际情况吸取应有的教训、制定相应的措施。

四、安全生产教育培训情况

巡查重点

本专业安全教育培训执行情况。

资料清单

（1）安全教育培训支撑材料。

（2）单位及个人培训档案。

（3）新入职人员及转岗人员名单和安全教育培训材料。

（4）特种作业人员培训和持证资料。

典型问题

（1）人员安全培训考试流于形式，未真正起到提升安全意识的作用。
（2）未结合专业特点编制实用培训内容；作业人员安规培训考试未全覆盖，对考试不合格人员未按规定管控。
（3）特种作业人员未全部参加安全培训和持证上岗。
（4）没有建立员工培训档案，未开展生产一线人员安全等级评价工作。

五、安全例会制度执行情况

巡查重点

（1）检查本单位安全会议对安全生产问题的分析、解决情况。
（2）检查安全活动、上级主管领导检查指导开展情况。
（3）检查“月计划、周安排、日管控”机制运转情况及安全风险日常管控和协调情况。

资料清单

（1）各级单位月、周、日例会相关记录。
（2）各级单位日管控记录。

典型问题

（1）安全生产月度例会没有协调解决安全工作中的问题，对制定的整改措施没有督促检查。
（2）班组安全活动未联系实际、无针对性；上级主管领导未每月参加班组安全活动并检查活动情况。

六、安全工器具、施工机具管理情况

巡查重点

检查安全工器具隐患排查治理情况。

资料清单

（1）安全工器具配置标准。
（2）安全工器具及施工机具存储、检验、使用、报废、更新资料。

典型问题

（1）未建立或动态更新安全工器具、施工机具台账和检验记录，输电线路施工前未开展施工机具现场监督检验。
（2）安全工器具隐患排查工作未正常开展。
（3）无安全工器具配置标准，安全工器具无法满足工作需求。
（4）安全工器具、施工机具等检验管理不到位。
（5）无资质开展对外单位安全工器具、施工机具检验。

七、特种设备管理情况

巡查重点

（1）检查特种设备隐患排查治理情况。
（2）检查本单位安全责任清单管理中特种设备的安全管理责任落实情况。

资料清单

（1）特种设备配置标准。
（2）特种设备存储、检验、使用、报废、更新资料。

典型问题

（1）未建立或动态更新特种设备台账和检验记录，输电线路施工前未开展施工机具现场监督检验。
（2）特种设备隐患排查工作未正常开展。
（3）无特种设备配置标准，特种设备无法满足工作需求。
（4）特种设备等检验管理不到位。
（5）无资质开展对外单位特种设备检验。

八、危化品等安全管理情况

巡查重点

（1）检查危化品使用和管理情况。

（2）检查危化品安全隐患排查治理情况。

资料清单

（1）危化品使用和管理情况。

（2）危化品安全隐患排查治理情况。

（3）危化品安全管理台账、排查计划、措施、总结等资料。

（4）危化品存储场地、条件应满足国家标准及行业标准相关要求，包括 SF_6、电解液、蓄电池酸解液、GIS 设备的通风设施、乙炔、氧气、废油的处理等。

典型问题

（1）未按要求开展危化品专项行动，未开展危化品全流程管控及隐患排查治理。

（2）危化品无数据库信息，无管理制度、使用记录等台账。

（3）危化品储存环境及相关处置设施设备配置不符合要求，使用危化品无相关审批手续。

（4）安全管理机制未建立，部门职责界面不清晰，责任部门和责任人不明确，岗位安全职责不清楚；无管理规定、细则、安全操作规程及危化品废弃处置管理规定；危化品日常监督检查和隐患排查治理工作未开展，对于发现的问题未整改；危化品存储场地、条件不满足国家标准及行业标准相关要求。

九、反违章工作开展情况

巡查重点

（1）检查管理人员查处违章情况。

（2）“四不两直”“双随机”现场监督检查开展情况。

资料清单

近 3 年违章整改通知书，违章整改闭环记录，阶段性违章统计、分析、小结。

典型问题

（1）领导干部和管理人员未查处违章，反违章主体责任未落实。

（2）违章整改措施未落实，违章处罚未执行，违章人员安全教育不到位。

十、反事故措施（简称反措）计划执行情况

巡查重点

（1）检查隐患排查结果、上年度暴露问题的反措计划和检修、技改计划制定情况。

（2）反措计划执行监督考核情况。

资料清单

各级单位近 3 年反措计划文件、完成情况资料。

典型问题

（1）未编制反措计划年度计划。

（2）未将隐患排查结果、上年度暴露的问题等作为制定反措计划的重要依据。

（3）安全监督管理机构对计划实施情况未开展监督，未建立相应的考核机制。

十一、十八项反措排查专项活动开展情况

巡查重点

（1）检查近 3 年十八项反措隐患排查计划与治理情况。

（2）检查近 2 年对新版十八项反措排查问题的整治实施情况。

资料清单

（1）近3年十八项反措排查隐患清单。
（2）近3年十八项反措计划及整改落实明细表。
（3）十八项反措排查专项活动方案和分析报告。

典型问题

十八项反措执行不到位：无计划、清单，排查不彻底，未制定整改计划或未按照节点开展。

十二、农配网工程、生产技改、大修、农委、自控等项目管控情况

巡查重点

（1）检查近3年项目管理规范性。
（2）检查项目实施过程安全管控情况。

资料清单

（1）近3年，农配网工程、生产技改、大修、农委、自控等项目清单（含项目金额、完成情况、中标单位等），以及年底新增项目清单。
（2）近3年已竣工项目和在建工程的验收及消缺记录，PMS、ERP系统台账。
（3）项目的竣工资料：“三措一案”（施工方案）、工作票或施工作业票、开竣工报告、图纸交底、青赔、拆旧、材料退库凭证、材料领用手续、废旧物资处理手续等，以及已竣工工程预决算单、签证等。
（4）项目的监理全过程资料：招标、合同、隐蔽工程、关键点到位图片。
（5）检修项目或技术服务类（自控成本类）项目中标合同、工程量及竣工验收资料，抽查设备修理、带电检测、仪器校验、设备维保、环境改造、交直流及信息系统升级维护、年底新增项目实施项目材料。
（6）农配网工程及大型技改工程三个项目部成立文件。
（7）项目的计划申报情况：调控发文、不停电工作的项目部管控计划、开工申请、复工申请。

典型问题

（1）技改、大修项目实施不规范：工程项目（或成本项目）套取资金未实施。

（2）大修项目实施固定资产改造内容（以技改代替大修）；工程量与项目设计不对应（“偷吃工程量”）；检修项目或技术服务类项目中标工程量与工作实际不对应（PMS 工作票）；签证工程量较大，无相关规范手续；报废不规范，报废材料与实际不对应；材料应退库而无相关手续、流程。

（3）队伍招投标不规范，资质不达标而违规准入、中标；施工队伍存在无计划、无票工作；施工队伍、人员无资质。

（4）项目拼盘挪作他用；监理单位未尽责；资质审查不严，承包方不符合要求。

（5）检修项目或技术服务类（自控成本类）项目无中标合同、工程量及竣工验收资料，抽查设备修理（PMS 工作票）、带电检测（PMS 工作票及检测报告）、仪器校验（校验仪表目录及校验报告）、设备维保（合同、工作票、工程量）、环境改造（合同、工作票、工程量）、交直流及信息系统升级维护（合同、工作票、工程量）、年底新增项目（中标合同、竣工验收、工作票等）实施材料、农配网工程与农配网技改大修重复施工问题。

十三、防止电气设备误操作工作情况

巡查重点

（1）检查防止电气误操作管理运行、检修规程（解锁钥匙保管和使用制度）。

（2）检查防误操作年度工作计划及实施开展情况。

（3）检查防误操作组织机构管理职责落实情况。

（4）检查配电网条图管理、设备异动管理情况。

（5）检查防止电气设备误操作工作布置、点评、总结情况。

（6）检查万能钥匙解锁装置、相关规定执行情况。

（7）检查配电网定值单管理规范性。

（8）防误闭锁装置专项隐患排查情况。

资料清单

（1）调度日志、配调系统、工单流转情况记录。
（2）停电信息核查情况记录。
（3）设备改造计划，排查设备异动流程单。
（4）近3年继保定值单执行签、审、批记录。
（5）防误操作管理实施方案或细则，运行、检修规程（解锁钥匙保管和使用制度）。
（6）年度防误操作工作计划、技术措施、工作总结及事故分析报告。
（7）万能钥匙解锁、退出运行审批机制。

典型问题

（1）调度日志、配调系统、工单流转记录不全。
（2）配电网定值单管理执行签、审、批流程不规范，执行层与调度责任不明确。
（3）配电网条图管理混乱，与现场实际设备不对应，设备异动管理流程缺失。
（4）防误操作工作方案、细则、计划不全，主管部门不明确，工作无布置、总结。
（5）万能钥匙解锁装置失效，相关规定不执行。
（6）生产PMS系统、电网实时信息系统存在无记录停电。

十四、缺陷管理情况

巡查重点

检查PMS系统、调控MIS系统、电网实时信息系统应用情况。

资料清单

PMS系统、调控MIS系统、安全风险管控平台、电网实时信息系统数据及缺陷消除记录。

典型问题

（1）缺陷管理存在“两张皮”问题，瞒报、漏报重要缺陷，PMS 系统消缺记录与现场实际不一致。

（2）查询 PMS 系统消缺记录，存在“应干未干”的情况。

十五、安全隐患排查治理情况

巡查重点

（1）检查安全隐患排查治理组织开展情况。

（2）检查重大安全隐患执行逐级挂牌督办、“两表一单”制度情况。

资料清单

（1）隐患排查记录、整改立项计划，隐患评估记录。

（2）管控系统录入数据。

（3）按照隐患严重程度逐级挂牌督办执行记录。

典型问题

（1）规避隐患排查治理指标考核，对缺乏整改资金的隐患未录入系统，隐患线下流转，失去有效管控。

（2）对应纳入隐患管控的缺陷未开展评估，整改资金投入无重点；隐患治理与技改大修缺乏统筹管理，部分技改项目与隐患治理存在重复施工。

（3）隐患治理未实施全过程闭环管控。

十六、运检类现场安全管控情况

巡查重点

（1）检查工作计划报送、作业文本编审批、作业流程管控情况。

（2）检查风险公示执行情况。

资料清单

（1）安全生产风险管控系统数据。

（2）现场勘察记录、“三措一案”（施工方案）、工作票、安全交底卡等作业文本。

（3）安全生产风险管控系统风险定级、到岗到位执行记录。

（4）风险公示记录。

典型问题

（1）存在无计划、无票、作业票使用错误情况，现场未按照“三措一案”（施工方案）施工。

（2）现场勘察流于形式，工作负责人、设备运维管理单位、项目参建单位，重要检修施工作业现场特种设备操作人员与指挥人员未参与勘察，未在现场勘察记录上签字确认；主要勘察内容不详细，风险点辨识及预控措施制定不完整。

（3）作业安全风险评估、定级、审核和发布不准确、不规范，停电作业计划不准确，作业内容与实际不符。

（4）未参与本单位安全风险督查会议，未检查各二级机构、项目部、专业室等单位作业安全风险管控工作。

（5）未采取门户网站等形式集中进行风险公示，各中心、分公司、项目部、班组等未采取分散张贴等形式进行风险公示。

十七、业务外包安全管理情况

巡查重点

（1）检查生产技改等领域近 3 年已完工和在建工程项目情况。

（2）检查外包项目资格预审、招标条件等安全资信“双准入”管理，工程施工合同、安全协议签订，三个项目部组建，意外险购买、社保交纳，安全生产费用提取和使用，现场勘察，“三措一案”（施工方案）编审批及备案情况；检查专项安全技术交底执行，开工许可，安全工器具、施工机具现场核查情况。

（3）检查施工人员验资、安全培训、考试落实情况，以及工作票（施工作业票）安全措施执行情况。

（4）检查施工过程各项目部、领导和生产管理人员到岗到位、反违章、隐患排查治理、问题整改执行情况。

（5）检查施工队伍“黑名单”、重点关注名单的管理和退出机制执行情况。

（6）检查安全生产风险管控平台人员队伍管控模块的使用情况。

（7）检查各单位外包安全准入工作开展情况。

资料清单

（1）近 3 年技改大修、配电网建设等所有业务外包项目清单及中标队伍名单。

（2）上级单位和本单位发布的施工队伍“黑名单”及重点关注名单。

（3）按抽查工程项目提供以下文件：

1）资格预审、招标文件、承包商企业资质和有关管理人员、作业人员资质证明。

2）业主、监理、施工项目部成立文件。

3）工程合同、安全协议。

4）开（复）工报告、备案证明。

5）施工队伍保险合同、安全生产费用提取和使用计划。

6）发包方组织的施工人员培训、考试记录。

7）现场勘察、专项安全技术交底记录和施工方案，安全工具和施工机具现场核查记录、工作票（施工作业票）。

8）管理人员检查记录、整改通知单、整改报告。

典型问题

（1）未按规定开展招标安全资信管理，资格预审文件和招标文件未明确要求提供企业和管理人员安全资质，未开展“黑名单”、重点关注名单管理。

（2）承包单位将中标项目的主体工程或关键性工作违规分包，核心分包队伍缺乏认定标准，中标单位存在违规借工行为。

（3）针对劳务外包或分包工程，劳务人员独立承担危险性大、专业性强的施工作业，发包单位没有负责办理施工方案、工作票，提供施工所需的合格机具设备、安全工器具、个人防护用品、用具等。

（4）部分工程未组建业主、监理、施工项目部，项目经理未履职，合同明确的项目经理与现场项目负责人不一致；同一项目经理存在多项目、多地承揽工程，承包单位未按规定购买工伤或人身意外伤害保险。

（5）施工单位作业人员验资、培训、考核不严格，核心人员变动未报发包单位批准，对流动作业人员失去安全管控。

（6）对于危险性较大的分部分项工程及施工现场易发生重大事故的部位，未组织专项勘察设计、编制专项施工方案和开展专项安全技术交底、监理旁站。

（7）外包工程作业计划管理缺失、工程量与施工计划不匹配、施工计划与实际进度偏差较大、施工材料领用不规范等。

十八、消防安全管理情况

巡查重点

（1）检查设备防火措施落实情况。

（2）检查变电站、开闭所、公用配电室消防管理情况。

（3）防山火消防管理情况。

资料清单

（1）输变配电设备设施防火措施定期巡视检查及记录。

（2）运行人员消防资质、变电站消防验收备案资料。

（3）变电站、大型充油设备、储能设施、电缆沟道等消防隐患排查治理资料。

（4）消防安全专项检查开展记录。

典型问题

（1）消防安全责任制落实不到位，排查消除火灾风险隐患少，未按照节点消缺，未修订消防安全管理规章制度。

（2）变电站火灾防控宣传培训工作不到位；未按要求开展变电站消防隐患排查治理；消防器材、设施未配备到位；定期巡视检查及记录不完备。

（3）运行人员不满足消防验收或备案资格要求；安全生产监督检查专项行动未按照要求开展。

（4）春季、冬季安全督查工作开展不到位；消防应急能力建设开展滞后。

（5）未定期开展运检场所消防演练。

（6）变电站火灾报警系统未投入运行。

十九、管理人员到岗到位执行情况

巡查重点

（1）检查到岗到位计划制定情况。

（2）检查输变配各类作业现场到岗督导检查情况。

（3）检查到岗到位执行汇总统计和整改督办情况。

资料清单

（1）到岗到位计划、汇总统计表。

（2）到岗到位检查记录。

（3）问题整改督办资料。

典型问题

（1）部门管理人员未按规定到岗到位检查、指导，检查、考核无记录。

（2）对到岗到位情况未定期总结通报，对发现的问题整改情况未跟踪督办。

第四节　营销部分

一、安全责任清单修订及“四结合”情况

巡查重点

（1）检查安全责任清单动态修订情况。

（2）检查安全责任清单的落实与教育培训、专业管理、监督检查、奖惩考核相结合的情况。

（3）检查不同层级人员对自身安全职责掌握情况，验证安全责任清单公示培训效果。

资料清单

（1）本专业安全责任清单。

（2）安全责任清单培训记录。

典型问题

（1）安全责任清单未覆盖本专业各组织、各岗位，与实际不相符，未根据机构、岗位调整滚动修编。

（2）安全责任清单未经培训，部分岗位人员不清楚岗位安全职责。

二、事故（事件）警示教育情况

巡查重点

（1）检查本专业对国网系统近 2 年事故（事件）通报学习情况、开展专题安全日活动或进行停工整顿情况。

（2）检查本专业对国网系统事故（事件）通报的整改措施落实情况。

（3）检查工程施工中与安全事故类似的作业方式、违章行为等情况。

资料清单

（1）国网系统通报的本专业事故（事件）相关学习材料及警示教育记录。
（2）本专业月度安全分析会记录及中心、班组安全日活动记录。

典型问题

（1）对国网系统近年来事故（事件）通报的主要内容不知情。
（2）事故（事件）教育吸取不到位。
（3）未按要求开展专题安全日活动或停工整顿，没有结合本单位实际情况吸取应有的教训、制定相应的措施。

三、安全生产教育培训情况

巡查重点

（1）本专业安全教育培训方案、培训档案，新入职人员、转岗人员及特种作业人员培训执行情况。
（2）检查工作票“三种人”培训考试、特种作业人员持证上岗开展情况。
（3）检查安全培训档案建立情况。

资料清单

（1）安全教育培训支撑材料。
（2）单位及个人培训档案。
（3）新入职人员及转岗人员名单和安全教育培训材料。
（4）“三种人”等关键人员培训考试材料及名单发布文件。
（5）特种作业人员培训和持证资料。

典型问题

（1）人员安全培训考试流于形式，未真正起到提升安全意识的作用。
（2）未结合专业特点编制实用的培训内容；作业人员安规培训考试未全覆盖，对考试不合格人员未按规定管控。
（3）特种作业人员未全部参加安全培训和持证上岗。
（4）没有建立员工培训档案，未开展生产一线人员安全等级评价工作。

四、反违章工作开展情况

巡查重点

（1）检查管理人员查处违章情况。

（2）“四不两直”“双随机”现场监督检查开展情况。

资料清单

近 3 年违章整改通知书，违章整改闭环记录，阶段性违章统计、分析、小结。

典型问题

（1）领导干部和管理人员未查处违章，反违章主体责任未落实。

（2）违章整改措施未落实，违章处罚未执行，违章人员安全教育不到位。

五、安全工器具、施工机具管理情况

巡查重点

检查安全工器具隐患排查治理情况。

资料清单

（1）安全工器具配置标准。

（2）安全工器具及施工机具存储、检验、使用、报废、更新资料。

典型问题

（1）未建立或动态更新安全工器具、施工机具台账和检验记录，输电线路施工前未开展施工机具现场监督检验。

（2）安全工器具隐患排查工作未正常开展。

（3）无安全工器具配置标准，安全工器具无法满足工作需求。

（4）安全工器具、施工机具等检验管理不到位。

（5）无资质开展对外单位安全工器具、施工机具检验。

六、安全例会制度执行情况

巡查重点

（1）检查被巡查单位分析、解决安全生产问题的安全会议组织情况。
（2）检查安全活动、上级主管领导检查指导开展情况。
（3）检查“月计划、周安排、日管控”机制运转情况及安全风险日常管控和协调情况。

资料清单

（1）各级单位月、周、日例会相关记录。
（2）各级单位日管控记录。

典型问题

（1）安全生产月度例会没有协调解决安全工作中的问题，对制定的整改措施没有督促检查。
（2）班组安全活动未联系实际、无针对性；上级主管领导未每月参加班组安全活动并检查活动情况。

七、重要、高危用户管理情况

巡查重点

检查重要、高危用户管理情况。

资料清单

（1）重要用户发文记录，“四到位”落实情况，应急演练开展记录，安全操作规程修订记录。
（2）用户用电安全管理提升三年行动方案开展记录。
（3）重要、高危用户月度、季度、年度及专项检查记录，供用电合同签订记录，隐患排查及整改消缺记录。
（4）有序用电工作方案，开展“四定”动态检查记录，燃煤自备电厂排查发现问题及整改记录。

典型问题

（1）重要用户“四到位”未能有效落实，未开展应急演练，安全操作规程未及时修订。
（2）重要、高危用户用电检查不到位，供用电合同签订不规范。
（3）重要、高危用户隐患排查不到位，整改不及时。
（4）有序用电方案未及时修订，未开展“四定”动态检查。
（5）燃煤自备电厂排查不够深入，存在超标排放、无发电许可、违规建设等情况且未整改。

八、营销现场作业安全管理情况

巡查重点

检查营销现场安全管理要求落实情况。

资料清单

（1）检查业扩报装流程及现场安全管理（票、卡、单）规范性情况资料。
（2）对窃电、违约、欠费用户进行联合信用惩戒记录。
（3）综合能源服务业务相关合同、安全协议签订资料、执行的作业文本等。
（4）充电桩、充电站、高速快充站等保障性充电设施相关合同、安全协议签订资料，执行的作业文本等。
（5）近3年营销类项目清单。
（6）营销专业管理部门对所属各专业进行安全督办、考核的记录，投诉问题处理，“三级审核、两级督办”记录，分析检查记录。

典型问题

（1）业扩报装流程及现场安全管理不规范，存在无计划、无票作业行为。
（2）未对窃电、违约、欠费用户进行惩戒。
（3）综合能源服务业务、充换电服务业务内外安全责任界面不清晰，现场施工安全管控"体外循环"。
（4）《国家电网有限公司营销现场作业安全工作规程》《营销专业标准化作业指导书》宣贯培训不到位，未能有效落实。
（5）投诉问题处理未能闭环管控。

九、中心供电所安全管理情况

巡查重点

（1）检查安全教育培训、班组安全活动会执行情况。
（2）检查安全工器具、施工机具管理情况。
（3）检查"四个管住"落实情况。
（4）检查农村用电安全管理情况。
（5）检查"两票"办理、签发执行及自查情况。
（6）检查各类检修及抢修工作开展情况。
（7）检查所辖设备配电网条图、异动管理情况。
（8）检查多电源用户管理情况。
（9）检查隐患排查记录及整改情况。
（10）检查派工单制度执行情况。
（11）检查属地工程安全管理情况。
（12）检查用户产权设备作业安全管理情况。

资料清单

（1）安全教育培训档案、安全活动会记录。

（2）安全工器具配置标准、管理台账，检查、领用、归还记录，试验报告，使用、保管、维护记录等。

（3）安全隐患排查整改闭环资料。

（4）风险管控系统、配电网精益化管控系统应用及作业文本。

（5）“两票”办理、签发执行及自查记录、标准化作业指导书（卡）、任务单、派工单。

（6）各类检修及抢修工作开展记录。

典型问题

（1）未定期召开安全活动会，未围绕上级安全生产工作要求、典型事故案例、违章通报、“两票”评价、下阶段现场作业安全管控要点等开展，会议记录不规范。

（2）未建立员工安全教育档案，每年集中学习时间少于12学时。

（3）未建立安全工器具台账；摆放混乱，与施工器具混放；领用、归还未登记；存放超试验周期、变形和损坏的不合格安全工器具；使用和保管存在“两张皮”情况；工作人员私自保管安全工器具。

（4）存在无计划、无票、不经派工进行现场作业情况，未每月开展“两票”的评价考核工作。

（5）所辖设备配电网条图与现场实际不一致，设备发生新增、报废等变化时，未及时变更配电网条图。

（6）未建立双电源、自备电源和光伏等分布式电源客户台账；对多电源客户设备状况不掌握；停电检修时，未重点针对多电源客户做好防反送电措施。

（7）未定期开展隐患排查，未按计划完成隐患消缺。

（8）未经派工，干私活，私自干活。

（9）倒闸操作不规范，操作漏项、跳项，不正确填写倒闸操作票，外来人员私自操作公司产权设备。

（10）低压故障抢修未经供电所管理人员批准，10kV设备抢修未经专业主管部门批准，盲目组织抢修。

（11）未安排人员参加所辖区域内新建、改造工程现场勘察；未做好停送电联系，组织布置安全措施，规范进行停电作业许可等工作。

（12）在用户产权设备上工作，未使用工作票，未落实保证安全的组织措施和技术措施，未履行“双签发、双许可”制度。

（13）农村用电安全管理程度不一，安全用电宣传时有时无；乡村电气化示范项目未能按要求实施。

十、业务外包安全管理情况

巡查重点

（1）检查在供电企业业务、业扩等领域近 3 年已完工和在建项目。

（2）检查外包项目资格预审、招标条件等安全资信“双准入”管理，项目施工合同、安全协议签订，意外险购买、社保缴纳，现场勘察，施工方案编审批及备案情况；安全技术交底执行，开工许可，安全工器具、施工机具现场核查情况。

（3）检查施工人员验资、安全培训、考试落实情况，检查工作票所列安全措施执行情况。

（4）检查施工过程中领导干部、管理人员到岗到位、反违章情况。

（5）检查施工队伍“黑名单”、重点关注名单管理和退出机制执行情况。

（6）检查安全生产风险管控平台人员队伍管控模块的使用情况。

（7）检查各单位外包安全准入工作开展情况。

资料清单

（1）近3年供电企业业务、计量改造、业扩工程等所有业务外包项目清单及相应中标队伍名单。

（2）上级单位和本单位发布的施工队伍“黑名单”、重点关注名单。

（3）营销类项目提供以下文件：

1）资格预审、招标文件、承包商企业资质和有关管理人员、作业人员资质证明；

2）项目合同、安全协议；

3）开（复）工报告、备案证明；

4）发包方组织的施工人员培训、考试记录；

5）现场勘察、安全技术交底记录，安全工具和施工机具现场核查记录、工作票；

6）管理人员检查记录、整改通知单、整改报告。

典型问题

（1）未按规定开展招标安全资信管理，资格预审文件和招标文件未明确要求提供企业和管理人员安全资质，未开展“黑名单”、重点关注名单管理。

（2）承包单位将中标项目的关键性工作违规分包，核心分包队伍缺乏认定标准，中标单位存在违规借工行为。

（3）针对劳务外包或分包项目，劳务人员独自开展作业，发包单位没有负责办理工作票，提供作业所需的安全工器具、个人防护用品、用具等。

（4）施工单位作业人员验资、培训、考核不严格，核心人员变动未报发包单位批准，对流动作业人员失去安全管控。

（5）外包项目作业计划管理缺失、工程量与施工计划不匹配、施工计划与实际进度偏差较大、施工材料领用不规范等。

第五节　建设部分

一、安全责任清单修订及“四结合”情况

巡查重点

（1）检查安全责任清单动态修订情况。

（2）检查安全责任清单的落实与教育培训、专业管理、监督检查、奖惩考核相结合情况。

（3）检查不同层级人员对自身安全职责掌握情况，验证安全责任清单公示培训效果。

资料清单

（1）本专业安全责任清单。

（2）安全责任清单培训记录。

典型问题

（1）安全责任清单未覆盖本专业各组织、各岗位，与实际不相符，未根据机构、岗位调整滚动修编。

（2）安全责任清单未经培训，部分岗位人员不清楚岗位安全职责。

二、事故（事件）警示教育情况

巡查重点

（1）检查本专业对国网系统近 2 年事故（事件）通报学习情况、开展专题安全日活动或进行停工整顿情况。

（2）检查本专业对国网系统事故（事件）通报的整改措施落实情况。

（3）检查工程施工中与安全事故类似的作业方式、违章行为等情况。

资料清单

（1）国网系统通报的本专业事故（事件）相关学习材料及警示教育记录。

（2）本专业月度安全分析会记录及中心、班组安全日活动记录。

典型问题

（1）对国网系统近年来事故（事件）通报的主要内容不知情。

（2）事故（事件）教育吸取不到位。

（3）未按要求开展专题安全日活动或停工整顿，没有结合本单位实际情况吸取应有的教训、制定相应的措施。

三、安全生产教育培训情况

巡查重点

本专业安全教育培训方案、培训档案，新入职人员、转岗人员及特种作业人员培训执行情况。

资料清单

（1）安全教育培训支撑材料。

（2）单位及个人培训档案。

（3）新入职人员及转岗人员名单和安全教育培训材料。

（4）特种作业人员培训和持证资料。

典型问题

（1）人员安全培训考试流于形式，未真正起到提升安全意识的作用。

（2）未结合专业特点编制实用的培训内容；作业人员安规培训考试未全覆盖，对考试不合格人员未按规定管控。

（3）特种作业人员未全部参加安全培训和持证上岗。

（4）没有建立员工培训档案，未开展生产一线人员安全等级评价工作。

四、反违章工作开展情况

巡查重点

（1）检查管理人员查处违章情况。

（2）“四不两直”“双随机”现场监督检查开展情况。

（3）检查现场作业反违章平台的建设应用情况，作业现场视频监控、智能安全帽、移动监控智能终端等应用情况。

（4）检查深基坑、有限空间作业安全风险管控情况。

资料清单

（1）近3年违章整改通知书，违章整改闭环记录，阶段性违章统计、分析、小结。

（2）“黑名单”及重点关注名单发布及应用记录。

（3）作业现场移动监控终端设备台账。

（4）深基坑作业气体检测仪配置情况、现场勘察记录。

典型问题

（1）领导干部和管理人员未查处违章，反违章主体责任未落实。

（2）违章整改措施未落实，违章处罚未执行，违章人员安全教育不到位。

（3）外包队伍准入、退出机制未结合外包队伍反违章被查处情况。

五、安全工器具、施工机械、机具管理情况

巡查重点

检查安全工器具隐患排查治理情况。

资料清单

（1）安全工器具配置标准。

（2）安全工器具及施工机具存储、检验、使用、报废、更新资料。

典型问题

（1）未建立或动态更新安全工器具、施工机具台账和检验记录，输电线路施工前未开展施工机具现场监督检验。

（2）安全工器具隐患排查工作未正常开展。

（3）无安全工器具配置标准，安全工器具无法满足工作需求。

（4）安全工器具、施工机具等检验管理不到位。

（5）无资质开展对外单位安全工器具、施工机具检验。

六、“三个项目部”管理人员到岗到位执行情况

巡查重点

（1）检查到岗到位计划制定情况。

（2）检查基建作业现场到岗督导检查情况。

（3）检查到岗到位执行汇总统计和整改督办情况。

资料清单

（1）到岗到位计划、汇总统计表。

（2）到岗到位检查记录。

（3）问题整改督办资料。

典型问题

（1）管理人员未按规定到岗到位检查、指导，检查、考核无记录。

（2）对到岗到位情况未定期总结通报，对发现问题的整改情况未跟踪督办。

七、基建 12 项配套措施落实及量化考核情况

巡查重点

（1）检查市县公司建设专业基建 12 项配套措施落实情况。

（2）检查市县公司建设专业对基建 12 项配套措施落实、安全责任量化考核情况。

资料清单

（1）分包单位队伍准入、人员准入相关资料。

（2）分包单位资质信息及作业层班组骨干人员证书、发文任命、合同、工资发放证明等材料。

（3）专业分包项目部成立文件，安全工器具、施工机具等试验报告、检验报告、检查记录、台账等资料。

（4）监理安全旁站记录，施工计划、施工方案审批记录，月度安全质量检查闭环资料。

（5）施工项目部周计划作业清单、站班会记录、管控单记录、施工作业票、相关交底会材料，月度安全质量检查闭环资料。

（6）各类型作业施工方案及编审批记录。

（7）“三算四验五禁止”验收记录及执行情况记录。

（8）作业人员体检、保险、资质证书等材料以及交底记录、考试记录。

（9）安全设施配备情况，监理、业主审查安全文明施工设施进场验收单等。

（10）安全责任量化考核开展记录。

（11）施工许可证（基建）或开工报告、能源局备案证明。

典型问题

（1）安全准入流于形式，存在分包单位不具备相应资质，资质证书不合规、过期，分包单位人员资料不齐全、资质造假等问题却仍通过安全准入。

（2）项目部及班组骨干人员与合同不一致，无变更手续；项目管理人员、班组骨干不在岗，发文与实际不符；作业层班组标准化建设未落实。

（3）“三算四验五禁止”开展不到位。

（4）无计划作业、超范围作业，工程量与施工计划不匹配等。
（5）施工方案未履行审批手续，关键工序针对性不足，现场作业未按施工方案执行。
（6）安全文明施工标准化落实不到位。
（7）基建月度例会未定期召开，会议内容针对性不强，会议记录缺失等。
（8）安全责任量化考核未开展，考核结果未应用。
（9）分包单位自带施工工器具、安全工器具，施工材料领用不规范。
（10）施工许可证（基建）或开工报告未在能源局备案。

第六节　发策部分

一、安全责任清单修订及“四结合”情况

巡查重点

（1）检查安全责任清单动态修订情况。
（2）检查安全责任清单的落实与教育培训、专业管理、监督检查、奖惩考核相结合情况。
（3）检查不同层级人员对自身安全职责掌握情况，验证安全责任清单公示培训效果。

资料清单

（1）本专业安全责任清单。
（2）安全责任清单培训记录。

典型问题

（1）安全责任清单未覆盖本专业各组织、各岗位，与实际不相符，未根据机构、岗位调整滚动修编。
（2）安全责任清单未经培训，部分岗位人员不清楚岗位安全职责。

二、发策专业安全管理责任落实情况

巡查重点

（1）检查市县公司发策部门“五同时”落实管理情况。

（2）检查“十四五”电网发展规划滚动修订和落地实施情况。

（3）检查配电网网架结构与主接线方式、设备选型、智能化是否满足《电力系统安全稳定导则》要求。

（4）检查重大项目从规划和科研设计源头防控安全风险的情况。

资料清单

（1）年度专业会议召开文件资料及本专业年度工作安排。

（2）专业年度重点工作落实完成资料（隐患排查、教育培训、风险管控、反违章）。

（3）专业年度重点工作总结。

（4）“强直弱交”、短路电流超标、潮流重载等问题解决方案。

（5）35～220kV 电网结构示意图、变电站电气主接线示意图，配电网电压序列选择、各级供电安全水平、供电能力、供电质量等记录文件。

典型问题

（1）未召开月度安全分析会，未按照“五同时”要求计划、布置、检查、总结、评比安全工作。

（2）重点工作开展不到位，相关资料缺失。

（3）未对年度重点工作进行总结和分析。

（4）“强直弱交”、短路电流超标、潮流重载等问题未有效解决。

（5）电网结构薄弱。

第七节　调度部分

一、安全责任清单修订及“四结合”情况

巡查重点

（1）检查安全责任清单动态修订情况。

（2）检查安全责任清单的落实执行与教育培训、专业管理、监督检查、奖惩考核相结合的情况。

（3）检查不同层级人员对自身安全职责掌握情况，验证安全责任清单公示培训效果。

资料清单

（1）各级单位安全责任清单文件。

（2）安全责任清单公示支撑材料、培训记录。

典型问题

（1）安全责任清单未覆盖本专业各组织、各岗位，与实际不相符，未根据机构、岗位调整滚动修编。

（2）安全责任清单未经培训，部分岗位人员不清楚岗位安全职责。

二、事故（事件）警示教育情况

巡查重点

（1）检查本专业对国家电网公司系统近2年事故（事件）通报学习情况、开展专题安全日活动或进行停工整顿情况。

（2）检查本专业对国家电网公司系统事故（事件）通报的整改措施落实情况。

（3）检查工程施工与安全事故类似的作业方式、违章行为等情况。

资料清单

（1）国网公司系统通报的本专业事故（事件）相关学习材料及警示教育记录。

（2）本专业月度安全分析会记录及中心、班组安全日活动记录。

典型问题

（1）对国家电网公司系统近年来事故（事件）通报的主要内容不知情。

（2）事故（事件）教育吸取不到位。

（3）未按要求开展专题安全日活动或停工整顿，没有结合本单位实际情况吸取应有的教训、制定对应的措施。

三、安全生产教育培训情况

巡查重点

（1）检查本专业安全教育培训方案、培训档案、新入职人员、转岗人员及特种作业人员培训执行情况。

（2）检查工作票"三种人"（即工作负责人、工作许可人、工作票签发人）培训考试、特种作业人员持证上岗开展情况。

（3）检查安全培训档案建立情况。

资料清单

（1）安全教育培训支撑材料。

（2）单位及个人培训档案。

（3）新入职人员及转岗人员名单和安全教育培训材料。

（4）"三种人"等关键人员培训考试材料及名单发布文件。

（5）特种作业人员培训和持证资料。

典型问题

（1）人员安全培训考试流于形式，未真正起到提升安全意识的作用。

（2）未结合专业特点编制实用培训内容；作业人员安规培训考试未全覆盖，对考试不合格人员未按规定管控。

（3）特种作业人员未全部参加安全培训和持证上岗。

（4）没有建立员工培训档案，未开展生产一线人员安全等级评价工作。

四、电网安全风险管控工作开展情况

巡查重点

（1）检查结构性风险预警发布情况。

（2）检查电网安全风险管控制度、审批机制及执行情况。

（3）检查设备运行风险评估，联动发布电网运行风险预警情况。

（4）检查四级以上电网运行安全风险向国家能源局及其派出机构报告记录，以及告知风险涉及的一、二级重要用户和发电厂记录。

（5）检查本单位主网网架结构、主网运行方式、重要设备、重要通道、源网荷协调等电网重大风险排查清单、评估报告、降低风险措施和风险控制方案。

（6）检查电网年度运行方式报告、月度停电计划等有关电网运行风险预警评估、“先降后控”措施和预警审批、发布、执行及预警报备、重要用户告知情况。

资料清单

（1）近3年年度电网运行方式报告及问题整改情况；年度电网方式分析资料。

（2）电网运行风险预警发布及管控措施执行资料（风险排查清单、评估报告、风险管控方案）。

（3）电网安全风险管控资料、预警发布后专业协同、网源协调、政企联动记录，以及降低或消除风险有关规划、建设、生产工作计划等资料。

（4）年度、月度停电计划，电网风险预警通知单。

（5）电网运行风险预警提供以下有关资料：

1）风险管控督查会议资料；

2）预警报备、重要用户和发电厂告知有关资料；

3）风险预警管控专业协同、网源协调有关资料；

4）电网大面积停电事件应急预案。

典型问题

（1）未组织梳理、评估电网重大风险；电网安全风险未按规定向能源局及派出机构、政府电力主管部门报告。

（2）电网安全风险未落实“先降后控”原则，未纳入电网规划、建设、技改检修项目、日常生产工作计划、管理制度和标准、培训教育计划等方面统筹管控和治理。

（3）未按周开展安全风险督查会议。

（4）电网安全风险管控制度不完善，未建立风险管控审批机制。

（5）相关业务部门未检查风险管控措施落实情况。

五、调度专业安全管理责任落实情况

巡查重点

（1）检查“三道防线”专项核查隐患整改情况，特高压直流稳控系统防误动、防拒动检查情况。

（2）检查继电保护等二次设备验收和装置检验情况，有无“三误”事件。

（3）检查开展季节性的安全检查、专项检查、安全性评价以及安全生产监督网络活动情况。

（4）检查调度、监控值班日志规范，使用标准术语，监控信息命名、验收规范性。

（5）检查年度运行方式编制、审查、执行及总结情况、电网年度预案和 N-1 故障预案编制情况、针对重大运行方式变化制订的应急预案等；定期排查电网结构性风险。

（6）检查停电计划编制、执行情况，电网风险预警的执行和闭环情况。

（7）检查节假日和重大活动制订保电预案情况。

（8）检查备用调度日常运行和切换演练情况。

（9）检查 GB 38755《电力系统安全稳定导则》与 GB/T 38969《电力系统技术导则》宣贯和落实情况。

资料清单

（1）年度会议召开及工作安排文件资料。

（2）年度重点工作落实完成资料（隐患排查、教育培训、风险管控、反违章）。

（3）专业年度重点工作总结。

（4）各专业运行台账资料。

（5）调度、监控运行日志。

（6）停电计划系统、保护整定系统、风险预警系统、调度自动化系统。

（7）年度运行方式方案和总结。

（8）预案和演习方案。

（9）专项检查和安全性评价记录。

典型问题

（1）年度运行方式缺少对电网安全、风险的分析。

（2）检修申请、调度指令票存在错误。

（3）调度事故处理预案修订不及时、内容针对性不强，值班调度员对事故预案不熟悉。

（4）并网管理流程不规范或未签订并网调度协议。

（5）调度纪律执行不严格，调度术语使用不规范。

（6）继电保护定值单审批不规范，定值整定错误。

（7）自动化设备及网络安全装置存在重大隐患，如遥信、遥测数据不正确，生产控制大区外联隐患，缺陷无整改计划，存在长期未消缺且影响监控信息的隐患。

（8）自动化主站未开展等级保护测评。

（9）未开展应急演习。

第八节　网络信息部分

一、安全责任清单修订及“四结合”情况

巡查重点

（1）检查安全责任清单动态修订情况。

（2）检查安全责任清单的落实执行与教育培训、专业管理、监督检查、奖惩考核相结合的情况。

（3）检查不同层级人员对自身安全职责掌握情况，验证安全责任清单公示培训效果。

资料清单

（1）本专业安全责任清单。

（2）安全责任清单培训记录。

典型问题

（1）安全责任清单未覆盖本专业各组织、各岗位，与实际不相符，未根据机构、岗位调整滚动修编。

（2）安全责任清单未经培训，部分岗位人员不清楚岗位安全职责。

二、事故（事件）警示教育情况

巡查重点

（1）检查本专业对国家电网公司系统近 2 年事故（事件）通报学习情况、开展专题安全日活动或进行停工整顿情况。

（2）检查本专业对国家电网公司系统事故（事件）通报的整改措施落实情况。

（3）检查工程施工是否存在与安全事故类似的作业方式、违章行为等情况。

资料清单

（1）国家电网公司系统通报的本专业事故（事件）相关学习材料及警示教育记录。

（2）本专业月度安全分析会记录及中心、班组安全日活动记录。

典型问题

（1）对国家电网公司系统近年来事故（事件）通报的主要内容不知情。

（2）事故（事件）教育吸取不到位。

（3）未按要求开展专题安全日活动或停工整顿，没有结合本单位实际情况吸取应有的教训、制定对应的措施。

三、安全生产教育培训情况

巡查重点

（1）本专业安全教育培训方案、培训档案、新入职人员、转岗人员及特种作业人员培训执行情况。

（2）检查工作票“三种人”培训考试、特种作业人员持证上岗开展情况。

（3）检查安全培训档案建立情况。

资料清单

（1）安全教育培训支撑材料。

（2）单位及个人培训档案。

（3）新入职人员及转岗人员名单和安全教育培训材料。

（4）“三种人”等关键人员培训考试材料及名单发布文件。

（5）特种作业人员培训和持证资料。

典型问题

（1）人员安全培训考试流于形式，未真正起到提升安全意识的作用。

（2）未结合专业特点编制实用培训内容；作业人员安规培训考试未全覆盖，对考试不合格人员未按规定管控。

（3）特种作业人员未全部参加安全培训和持证上岗。

（4）没有建立员工培训档案，未开展生产一线人员安全等级评价工作。

四、网络安全防护管理情况

巡查重点

（1）检查安全防护的制订、完善和落实情况；安全分区、边界防护的开展情况，系统安全加固的开展情况；电力监控系统安全管控落实情况，调度数字证书体系的运行管理情况。

（2）检查管辖范围电力监控系统的安全防护方案的制订情况、网络安全管理平台运行情况、网络安全监测装置安装及布点情况。

（3）检查网络安全防护的应急预案编制和网络攻防演习情况。

资料清单

（1）网络安全相关应急预案、演练记录，网络安全保障方案，网络安全各级预警处置记录。

（2）网络安全防护拓扑，安全设备配置情况及安全监控监测系统，网络、数据、终端、主机的安全防护基线策略落实记录。

（3）机房出入记录、各类设备标签标识、走线、防火、防小动物、巡视、缺陷记录及处理情况。

典型问题

（1）未开展网络安全应急演练或应急预案长期未修订。

（2）网络安全防护拓扑、安全设备配置、安全防护基线策略落实不到位。

（3）设备标识缺失，缺陷未处理。

五、通信安全管理情况

巡查重点

（1）检查 ADSS“三跨”通信线路隐患整治情况。

（2）检查通信小型分散作业计划执行情况；《国家电网公司安全工作规程（电力通信部分）》贯彻落实情况。

（3）检查信息机房值班情况，检查通信设备、通信光缆运行管理情况。

（4）检查承载 220kV 及以上继电保护、安稳控制、自动化等重要业务的用户通道。

（5）检查通信应急预案及动态修订情况。

资料清单

（1）年度重点工作总结。

（2）工作票、操作票、日常工作记录等。

（3）通信应急预案、演练记录。

（4）在运设备运行维护情况记录，机房电池定期检测记录。

（5）机房出入记录、各类设备标签标识、走线、防火、防小动物、巡视、缺陷记录及处理记录。

典型问题

（1）未进行年度专业工作总结。

（2）工作程序不合规，存在无计划、无票工作、无监护作业，工作票未评审、未按要求留存等。

（3）未开展网络安全应急演练或应急预案长期未修订。

（4）未按周期对设备进行巡视、长期未维护。

（5）设备标识缺失，缺陷未处理。

六、信息通信安全风险管控工作开展情况

巡查重点

（1）检查省、地市、县级公司是否完善信息通信安全风险管理制度和技术标准。

（2）检查信息系统等保测评和安全性评价工作开展情况。

资料清单

（1）信息通信安全风险管理制度和技术标准。

（2）信息系统等保测评报告、安全性评价工作查评报告。

（3）变电站和并网电厂监测覆盖率及监测工作开展情况。

（4）网络安全蓝队能力提升计划及落实记录。

典型问题

（1）信息通信安全风险管理制度和技术标准不完善。

（2）未开展信息系统等保测评和安全性评价工作。

第九节　直属单位、省管产业部分

一、安委会、安全例会制度执行情况

巡查重点

（1）检查重大安全问题的研究、解决会议执行及会后督办开展情况。

（2）检查安全生产问题分析、解决会议落实情况。

（3）检查“月计划、周安排、日管控”机制运转情况及安全风险日常管控和协调情况。

（4）通过班组了解安全活动、上级主管领导检查指导开展情况。

资料清单

（1）安委会组成文件、安委会会议纪要、记录等材料。
（2）议定事项及闭环情况。
（3）安全责任清单修订资料。
（4）月度安全分析会资料和班组安全活动会资料。

典型问题

（1）未建立健全安委会组织和机构，相关人员变动未及时调整。
（2）没有定期召开安委会会议，或安委会没有分析本单位重大安全风险，没有研究、解决安全重大问题，对议定事项未开展执行监督。
（3）安全生产月度例会没有协调解决安全工作中的问题，对制定的整改措施没有督促检查。
（4）安全责任清单未及时修订、发文。
（5）安全生产月度例会没有协调解决安全工作中的问题，对制定的整改措施没有督促检查。
（6）班组安全活动未联系实际、无针对性；上级主管领导未每月参加班组安全活动并检查活动情况。

二、安全监督支撑及人员配置情况

巡查重点

（1）检查本单位对安全监督机构及岗位、人员设置情况。
（2）检查安全监督网建立情况。
（3）检查专职安全监督人员持证上岗情况。
（4）检查安全督查中心履职情况。

资料清单

（1）本单位组织机构及岗位设置文件。
（2）本单位安全监督机构设置及人员明细表。
（3）本单位安全督查中心成立方案，督查工作开展有关资料（计划、记录、督办单等）。
（4）安全监督网成员文件。

典型问题

（1）未设立安全监督机构，未配置专职安全管理人员。
（2）安监人员未持证上岗。
（3）未设置安全总监。
（4）督查中心人员数量不满足工作需要，对督查发现的问题未下发整改通知单或违章整改不闭环。

三、安全生产责任体系建立健全情况

巡查重点

（1）检查安委会审议通过的安全责任清单。
（2）检查安全生产责任制考核结果。
（3）检查对发生事故受撤职处分的主要领导、分管领导的处理执行情况。

资料清单

（1）单位组织机构设置及职责文件。
（2）单位领导分工文件。
（3）单位安全责任清单文件。
（4）单位安全责任清单公示材料。
（5）安全责任清单培训开展记录。
（6）个人岗位安全责任清单掌握情况

典型问题

（1）组织机构与现状不相符，领导分工不明确。
（2）安全生产责任制考核结果未应用。
（3）未严格“一票否决”执行。
（4）对新设立或调整的机构、岗位安全责任清单未及时修订，安全责任清单未及时宣贯、培训，员工对安全责任清单不掌握。
（5）履职评定、职务晋升、人才评价未与奖励惩处挂钩、兑现，未执行5年内不得担任任何单位主要领导的规定。

四、安全责任清单修订及“四结合”情况

巡查重点

（1）检查安全责任清单动态修订情况。

（2）检查安全责任清单的落实执行与教育培训、专业管理、监督检查、奖惩考核相结合情况。

（3）检查不同层级人员对自身安全职责掌握情况，验证安全责任清单公示培训效果。

资料清单

（1）本专业安全责任清单。

（2）安全责任清单培训记录。

典型问题

（1）安全责任清单未覆盖本专业各组织、各岗位，与实际不相符，未根据机构、岗位调整滚动修编。

（2）安全责任清单未经培训，部分岗位人员不清楚岗位安全职责。

五、事故（事件）警示教育情况

巡查重点

（1）检查本专业对国家电网公司系统近 2 年事故（事件）通报学习情况、开展专题安全日活动或进行停工整顿情况。

（2）检查本专业对国家电网公司系统事故（事件）通报的整改措施落实情况。

（3）检查工程施工是否存在与安全事故类似的作业方式、违章行为等情况。

资料清单

（1）国家电网公司系统通报的本专业事故（事件）相关学习材料及警示教育记录。

（2）本专业月度安全分析会记录及中心、班组安全日活动记录。

典型问题

（1）对国家电网公司系统近年来事故（事件）通报的主要内容不知情。

（2）事故（事件）教育吸取不到位。

（3）未按要求开展专题安全日活动或停工整顿，没有结合本单位实际情况吸取应有的教训、制定对应的措施。

六、安全教育培训

巡查重点

（1）本专业安全教育培训方案、培训档案、新入职人员、转岗人员及特种作业人员培训执行情况。

（2）检查工作票“三种人”培训考试、特种作业人员持证上岗开展情况。

（3）检查安全培训档案建立、安全等级评价情况。

资料清单

（1）安全教育培训支撑材料。

（2）单位及个人培训档案。

（3）新入职人员及转岗人员名单和安全教育培训材料。

（4）“三种人”等关键人员培训考试材料及名单发布文件。

（5）特种作业人员培训和持证资料。

典型问题

（1）人员安全培训考试流于形式，未真正起到提升安全意识的作用。

（2）未结合专业特点编制实用培训内容；作业人员安规培训考试未全覆盖，对考试不合格人员未按规定管控。

（3）特种作业人员未全部参加安全培训和持证上岗。

（4）没有建立员工培训档案，未开展生产一线人员安全等级评价工作。

七、反违章工作开展情况

巡查重点

（1）检查违章分析、通报、考核情况。

（2）检查领导干部和保证体系管理人员查处违章情况。

（3）检查无违章班组创建情况。

（4）现场监督检查“四不两直”“双随机”开展情况。

（5）检查分包队伍准入、退出机制。

（6）检查安监部门对反违章跟踪监督、评估、考核情况。

（7）检查现场作业反违章平台的建设应用情况，作业现场视频监控、智能安全帽、移动监控智能终端等的应用情况。

资料清单

（1）反违章工作相关制度。

（2）近3年违章整改通知书，违章整改闭环情况，阶段性违章统计、分析、小结。

（3）违章记分档案。

（4）“黑名单”及“重点关注名单”发布及应用记录。

（5）作业现场移动监控终端设备台账。

典型问题

（1）预防违章和查处违章的工作机制运转不良，违章屡禁不止，反违章成效不足。

（2）未采取违章曝光和违章记分等手段，未定期通报反违章情况。

（3）分包队伍准入、退出机制未结合外包队伍反违章被查处情况。

（4）领导干部和保证体系管理人员无查处违章，认为反违章是安监或安全督查人员的事，安监部门对反违章跟踪监督、评估、考核发挥作用不强。

八、特种设备管理情况

巡查重点

（1）检查特种设备隐患排查治理情况。

（2）检查本单位安全责任清单管理中特种设备的安全管理落实情况。

资料清单

（1）特种设备配置标准。

（2）特种设备存储、检验、使用、报废、更新资料。

典型问题

（1）未建立或动态更新特种设备台账和检验记录，输电线路施工前未开展施工机具现场监督检验。

（2）特种设备隐患排查工作未正常开展。

（3）无特种设备配置标准，特种设备无法满足工作需求。

（4）特种设备等检验管理不到位。

（5）无资质开展对外单位特种设备检验。

九、安全工器具和施工机具管理

巡查重点

（1）检查管理部门定期对基层班组安全工器具、施工机具管理和使用情况进行检查的情况。

（2）检查部门和班组安全工器具配置、使用和管理情况，抽查班组的配置标准、配置情况。

（3）检查安全工器具、施工机具存储环境情况。

（4）检查安全工器具、施工机具的领用归还记录，保管维护责任落实情况。

（5）检查安全帽、绝缘棒、绝缘梯等工器具更换、报废处置规范性。

（6）检查劳务分包施工队伍的工器具情况。

（7）检查专业分包队伍使用的安全工器具和施工机具合格检验与定期检查情况。

资料清单

（1）安全工器具和施工机具管理制度。

（2）各生产班组安全工器具配置标准。

（3）安全工器具和施工机具工器具台账、检验报告。

（4）安全工器具和施工机具存储、检验、使用、报废、更新情况记录。

典型问题

（1）安全工器具、施工机具未定期试验，报告不齐全，试验标签有缺失。

（2）安全工器具、施工机具配置不到位，台账不齐全，领用及检查无记录等。

（3）安全工器具、施工机具报废流程不合规，更新补充不及时。

（4）劳务分包单位使用自有工器具。

十、危化品等安全管理情况

巡查重点

（1）检查危险化学品（简称危化品）使用和管理情况。

（2）检查危化品安全隐患排查治理情况。

资料清单

（1）危化品使用和管理资料。

（2）危化品安全隐患排查治理资料。

（3）危化品安全管理台账、排查计划、措施、总结等资料。

（4）危化品存储场地资料。

（5）配备危化品防护用品资料。

（6）危化品相关应急预案和现场处置方案资料、开展演练过程材料。

典型问题

（1）未按要求开展危化品专项行动，未开展危化品全流程管控隐患排查治理。

（2）危化品无数据库信息，无管理制度、使用记录等台账。

（3）危化品储存环境及相关处置设施设备配置不符合要求，使用危化品无相关审批手续。

（4）安全管理机制未建立，部门职责界面不清晰，责任部门和责任人不明确，岗位安全职责不清楚。

（5）无管理规定、细则、安全操作规程及危化品废弃处置管理规定。

（6）危化品日常监督检查和隐患排查治理工作未开展，对于发现的问题未整改。

（7）危化品存储场地、条件不满足国家相关要求。

（8）危化品使用过程中未配备防护用品。

十一、安全生产规章制度立改废和执行情况

巡查重点

（1）检查制度制定、修编及执行情况。

（2）检查现行有效制度发布情况。

资料清单

（1）安全生产制度。
（2）规程制度清单。

典型问题

（1）安全生产制度未有效衔接，存在空白。
（2）未每年公布一次本单位现行有效的规程制度清单。
（3）规章制度在基层、一线未真正落实执行，对外包（分包）队伍执行情况缺乏有效监督和落实手段。
（4）上级制度中明确要求基层单位出台细化执行措施的，未结合本单位实际对照细化出台执行细则。

十二、安全费用（安措）提取及使用情况

巡查重点

（1）检查近3年年度安全费用（安措）财务预算情况。
（2）检查安全费用额度提取所占比例等情况。
（3）检查安全费用项目计划明细编制及执行情况。

资料清单

（1）近3年年度安全费用（安措）计划、财务预算。
（2）安全费用提取标准。
（3）安全费用（安措）项目计划明细表和执行记录。

典型问题

（1）安全费用未足额提取，不满足营业收入的0.15%，未统一管理并优先安排。
（2）安全费用使用不规范，未建立安全费用（安措）使用台账，内容缺少使用用途、使用方式、经费额度、实施进度、责任单位（人）等内容，未对安全费用使用情况进行全过程管控。
（3）将非安全费用计入安全费用。

十三、安全考核奖惩情况、安全专项奖设置及使用情况

巡查重点

（1）检查各单位《安全生产工作奖惩规定》实施细则制定及执行情况。
（2）检查安全奖励表彰执行情况。
（3）检查违章处罚落实情况。
（4）检查重大隐患举报奖励制度执行情况。

资料清单

（1）单位奖惩文件（奖惩实施细则）。
（2）安全季度奖、年度奖、安全特殊贡献奖发放明细，重大隐患举报奖励记录。
（3）违章处罚材料。
（4）安全事故（事件）调查报告、人员档案、违章通报、违章处罚材料。

典型问题

（1）奖惩文件不符合上级文件要求，执行有困难。
（2）安全奖励存在均摊及普发等现象。
（3）安全表彰、奖励程序不规范，安全奖励低于工资总额的 5%，未及时发放。
（4）违章处罚未对责任人实施绩效挂钩。

十四、业务分包安全管理情况

巡查重点

（1）检查近3年已完工和在建的各类工程项目。

（2）检查分包项目资格预审、招标条件等安全资信“双准入”管理，工程施工合同、安全协议签订，三个项目部组建，意外险、社保购买，安全生产费用提取和使用，现场勘察，“三措一案”（施工方案）编审批及备案情况；专项安全技术交底执行，开工许可，安全工器具、施工机具现场核查情况。

（3）检查施工人员验资、安全培训、考试落实情况，以及工作票（施工作业票）安全措施执行情况。

（4）检查施工过程各项目部、领导和生产管理人员到岗到位、反违章、隐患排查治理、问题整改执行情况。

（5）检查施工队伍“黑名单”“重点关注名单”管理和退出机制执行情况。

（6）安全生产风险管控平台人员队伍管控模块使用情况。

（7）各单位分包安全准入工作开展情况。

资料清单

（1）近3年输、变、配电等专业所有业务分包项目清单及相应中标队伍名单。

（2）上级单位和本单位发布的施工队伍“黑名单”“重点关注名单”。

（3）按抽查工程项目提供以下文件：

1）资格预审、招标文件、承包商企业资质和有关管理人员、作业人员资质证明；

2）业主、监理、施工项目部成立文件；

3）工程合同、安全协议；

4）开（复）工报告、备案证明；

5）施工队伍保险合同、安全生产费用提取和使用计划；

6）发包方组织的施工人员培训、考试记录；

7）现场勘察、专项安全技术交底记录和施工方案，安全工具和施工机具现场核查记录、工作票（施工作业票）；

8）管理人员检查记录、整改通知单、整改报告。

典型问题

（1）未按规定开展招标安全资信管理，资格预审文件和招标文件未明确要求提供企业和管理人员安全资质，未开展分包队伍月度评价，未开展“黑名单”“重点关注名单”管理。

（2）承包单位将中标项目的主体工程或关键性工作违规转包，核心分包队伍缺乏认定标准，中标单位存在违规借工行为。

（3）由劳务分包人员担任工作负责人。

（4）发包单位没有负责办理劳务分包工程“三措一案”（施工方案）、工作票；未提供施工所需的合格机具、安全工器具、个人防护用品。

（5）未组建业主、监理、施工项目部，项目经理未履职，合同明确的项目经理与现场项目负责人不一致；同一项目经理存在多项目、多地承揽工程，承包单位未按规定购买工伤或人身意外伤害保险。

（6）施工单位作业人员验资、培训、考核不严格，核心人员变动未报发包单位批准，对流动作业人员失去安全管控。

（7）危险性较大的分部分项工程及施工现场易发生重大事故的部位未组织专项勘察设计、编制专项施工方案和开展专项安全技术交底、监理旁站。

（8）分包工程作业计划管理缺失、工程量与施工计划不匹配、施工计划与实际进度偏差较大、施工材料领用不规范等。

十五、安全督查手段执行落实情况

巡查重点

（1）检查“互联网＋安全监督”等手段实施情况，检查安全风险管控平台应用情况。

（2）检查安全督查中心督查室值班人员及稽查队长及稽查队员配置情况。

（3）检查稽查装备配备情况。

（4）检查值班人员值班工作开展情况。

（5）检查安全督查中心反违章工作成效，高风险作业的视频稽查覆盖情况、稽查记录填写情况、违章查处、违章闭环情况等。

资料清单

（1）本单位安全督查中心建设方案。
（2）安全督查中心建设、运转及人员配置相关记录。
（3）安全督查中心制度。
（4）安全督查中心日常运转的例行工作记录。
（5）反违章督查记录、整改闭环资料。

典型问题

（1）本单位安全督查中心建设与省产业公司要求不符，未建立管理制度。
（2）安全督查中心未投入运行并有效运转，未对本单位安全生产起到支撑作用，成效不高。
（3）稽查装备配备不满足要求。

十六、管住计划执行情况

巡查重点

（1）检查作业计划管理制度和工作机制建立及执行情况。
（2）检查临时新增计划审批手续履行情况。
（3）检查作业计划及抢修工作任务全口径线上管控执行情况。
（4）检查作业勘察情况。
（5）检查作业计划日管控情况。
（6）检查工程施工计划核查与工程资金结算工作要求落实情况。

资料清单

（1）近 3 年本单位所有承揽工程的停电和不停电作业周计划清单及安全风险公示资料（包括外部出资工程）。

（2）高风险作业勘察记录、“三措一案”（施工方案）、工作票。

（3）临时新增检修计划审批单等有关资料。

（4）作业计划日管控资料。

（5）作业计划执行情况记录。

（6）承发包合同、工程量清单、设计、监理过程资料。

典型问题

（1）存在无计划作业情况，未根据省管产业公司要求开展作业计划与工程量核查；存在“无计划”问题；管住计划落实不力，依然存在无计划作业现象。

（2）对无计划作业情况视而不见，不落实整改。

（3）未落实省管产业公司工程施工计划核查与工程资金结算工作要求。

（4）现场勘察不认真，未考虑班组承载力，施工方案制定不科学，风险分析不全面、防控措施不到位。

十七、管住队伍执行情况

巡查重点

（1）检查承揽工程项目资质情况。

（2）检查自有工程管理人员和施工人员情况。

（3）检查对分包队伍定期评价考核执行情况；检查工程分包单位资质和施工能力情况。

（4）检查“黑名单”“重点关注名单”运用及管理情况。

（5）检查核心分包队伍“四同”管理，执行情况。

资料清单

（1）本单位资质和管理人员资质（安全合格证、项目经理证、特种作业证）清单。

（2）分包队伍备案资料。

（3）施工项目部成立文件，人员配置情况。

（4）分包单位“黑名单”及“重点关注名单”发布及运用情况。

（5）核心分包商名单及资料。

（6）分包队伍履约评价。

典型问题

（1）分包队伍超承载力承揽工程项目。

（2）违规分包、转包工程项目。

（3）“黑名单”“重点关注名单”运用不到位。

（4）未开展分包商履约评价，评价结果未应用。

十八、管住人员执行情况

巡查重点

（1）检查施工项目部施工人员进场作业前安全教育培训及考试合格情况。

（2）检查分包人员准入管理情况。

（3）检查自有人员违章记分达到离岗标准仍在现场作业情况。

（4）检查列入“黑名单”的分包人员仍在现场作业情况。

资料清单

（1）本单位自有人员安全规程制度培训考试资料。
（2）本单位“三种人”、动火工作票、“三种人”名单、带电作业人员名单。
（3）本单位自有人员购买保险资料。
（4）本单位自有人员取证资料（特种作业证、特种设备操作证件等）。
（5）分包单位施工人员备案资料。
（6）分包单位施工人员准入资料（安全管控系统导出）。
（7）分包施工单位人员违章记分资料和“黑名单”及“重点关注名单”资料。
（8）工程项目施工人员（自有及分包人员）培训考试记录（安全管控系统导出）。

典型问题

（1）安全准入流于形式，存在分包单位不具备相应资质，资质证书不合规、过期，分包单位人员资料不齐全、资质造假等问题仍通过安全准入。
（2）未对劳务分包技工人员开展安全技能测评。
（3）未对违章人员落实违章记分及惩处措施。
（4）存在辅助用工人员从事登高、电焊等特种作业（技工）现象。

十九、管住现场执行情况

巡查重点

（1）检查现场勘察制度执行情况。
（2）检查“三措一案”（施工方案）与现场实际一致性。
（3）检查到岗到位和现场监督管理落实情况。
（4）检查安全交底制度执行情况。
（5）检查作业人员对当日现场安全风险及控制措施掌握情况。
（6）检查工作负责人及专责监护人现场监督管控情况。

资料清单

（1）施工作业现场勘察资料。
（2）施工作业“三措一案”（施工方案），包括变电站内吊装方案资料。
（3）“三个体系”（即保证体系、监督体系、领导体系）成员到岗到位现场监督记录。
（4）现场安全交底资料。

典型问题

（1）作业现场未勘察，相关人员未参加勘察，签字不规范，记录不合规，危险点分析不全面，预控措施不完善，勘察结果与现场实际不符。
（2）“三措一案”（施工方案）照搬照套，与现场实际脱节。
（3）到岗到位督查应到未到、质量不高，现场违章行为较多。
（4）工作负责人、监护人等不履职，未能有效发现及制止现场违章及不安全现象。
（5）安全交底内容针对性不强。

二十、配网工程安全管理情况

巡查重点

（1）检查配网工程防触电、防高坠、防倒杆“三十条”工作措施落实情况。
（2）检查配网工程安全管理“十八项”禁令落实情况。
（3）检查“三措一案”（施工方案）编、审、批流程规范情况。
（4）检查作业票（工作票）填写、签发和执行情况。
（5）检查施工队伍资质审查情况。
（6）检查违规转分包、以包代管情况。

资料清单

（1）配网工程防触电、防高坠、防倒杆“三十条”工作措施、配网工程安全管理“十八项”禁令落实资料。

（2）施工方案编、审、批过程管理资料。

（3）作业文本办理、签发、执行记录。

（4）合规检查结果及应用情况记录。

典型问题

（1）防触电、防高坠、防倒杆“三十条”工作措施和安全管理“十八项”禁令未落实。

（2）业务分包未采取安全资信报备、入场核查验证、过程风险管控、“黑名单”“重点关注名单”管理等措施。

（3）业主、监理、施工项目部未落实各自安全责任，形同虚设。

（4）存在违规转分包、以包代管情况。

二十一、生产作业安全风险管控情况

巡查重点

（1）检查安全生产风险管控平台（移动作业 App）作业实施全过程管理情况。

（2）检查生产作业风险定级情况。

（3）检查产业单位承揽的内、外部工程施工作业计划管控情况。

（4）检查风险定级和发布情况。

（5）检查作业过程中风险管控情况、到岗到位情况。

（6）检查分包队伍、人员的准入情况，交底、许可手续的规范性。

（7）检查作业计划内容中工作票种类、工作负责人及联系方式、工作地点、到岗到位人员、作业人数和现场及工作票中内容的一致性，工作票中“三种人”与发文人员名单一致性。

（8）检查班组当月或上月的作业项目明细（已终结工作票），对照其公司当月或上月的作业计划，核查计划管控情况。

（9）检查直属单位、省管产业单位作业风险公示情况。

资料清单

（1）生产作业安全风险管控相关制度。
（2）作业班组勘察记录（首勘、复勘）、“三措一案”（施工方案）、工作票等。
（3）近3年临时检修计划审批有关资料。
（4）近3年工作票（作业票）月度评审报告。
（5）近3年安全督查考核、整改情况有关资料。
（6）近3年工作票“三种人”发文名单。
（7）近3年生产工程月度安全例会有关资料。
（8）分包工程或业务，提供以下资料。
1）招标文件，承包商企业资质和管理人员、作业人员资质证明；
2）业主、监理、施工项目部成立文件；
3）工程合同、安全协议；
4）开工报告；
5）施工队伍保险合同、安全生产费用提取和使用计划；
6）发包方组织的施工人员培训、考试记录；
7）现场勘察、安全技术交底记录和施工方案，安全工具和施工机具现场核查记录、工作票（施工作业票）；
8）管理人员检查记录、整改通知单、整改报告；
9）到岗到位记录；
10）作业安全风险预警管控单。

典型问题

（1）生产作业安全风险管控流程不规范，作业文本办理质量不高，临时作业计划管控存在漏洞。
（2）工作票未定期审核评价。
（3）违章整改闭环资料不齐全。
（4）工作票“三种人”发文不规范，名单有缺失。
（5）生产月度例会未召开或成效不足。
（6）分包业务管理不规范。
（7）对特殊情况需要追加或变更作业计划的未履行审批手续，作业计划未刚性执行。
（8）由分包人员担任现场工作负责人，分包队伍、人员的准入不符合要求，交底、许可手续不规范。

第十节　后勤部分

一、安全责任清单修订及“四结合”情况

巡查重点

（1）检查安全责任清单动态修订情况。
（2）检查安全责任清单的落实执行与教育培训、专业管理、监督检查、奖惩考核相结合情况。
（3）检查不同层级人员对自身安全职责掌握情况，验证安全责任清单公示培训效果。

资料清单

（1）本专业安全责任清单。
（2）安全责任清单培训记录。

典型问题

（1）安全责任清单未覆盖本专业各组织、各岗位，与实际不相符，未根据机构、岗位调整滚动修编。
（2）安全责任清单未经培训，部分岗位人员不清楚岗位安全职责。

二、事故（事件）警示教育情况

巡查重点

（1）检查本专业对国家电网公司系统近 2 年事故（事件）通报学习情况、开展专题安全日活动或进行停工整顿情况。
（2）检查本专业对国家电网公司系统事故（事件）通报的整改措施落实情况。
（3）检查工程施工是否存在与安全事故类似的作业方式、违章行为等情况。

资料清单

（1）国家电网公司系统通报的本专业事故（事件）相关学习材料及警示教育记录。

（2）本专业月度安全分析会记录及中心、班组安全日活动记录。

典型问题

（1）对国家电网公司系统近年来事故（事件）通报的主要内容不知情。

（2）事故（事件）教育吸取不到位。

（3）未按要求开展专题安全日活动或停工整顿，没有结合本单位实际情况吸取应有的教训、制定对应的措施。

三、安全生产教育培训情况

巡查重点

检查本专业安全教育培训方案、培训档案、新入职人员、转岗人员及特种作业人员培训执行情况。

资料清单

（1）安全教育培训支撑材料。

（2）单位及个人培训档案。

（3）新入职人员及转岗人员名单和安全教育培训材料。

（4）特种作业人员培训和持证资料。

典型问题

（1）人员安全培训考试流于形式，未真正起到提升安全意识的作用。

（2）未结合专业特点编制实用培训内容；作业人员安规培训考试未全覆盖，对考试不合格人员未按规定管控。

（3）特种作业人员未全部参加安全培训和持证上岗。

四、反违章工作开展情况

巡查重点

（1）检查管理人员查处违章情况。
（2）“四不两直”现场监督检查开展情况。
（3）检查深基坑、有限空间作业安全风险管控情况。

资料清单

（1）近3年违章整改通知书，违章整改闭环记录，阶段性违章统计、分析、小结。
（2）作业现场移动监控终端设备台账。
（3）深基坑作业气体检测仪配置情况、现场勘察记录。

典型问题

（1）领导干部和管理人员无查处违章，反违章主体责任未落实。
（2）违章整改措施未落实，违章处罚未执行，违章人员安全教育不到位。
（3）外包队伍准入、退出机制未结合外包队伍反违章被查处情况。

五、后勤专业安全管理情况

巡查重点

（1）检查交通、消防、安保、反恐等安全有关法律法规宣传和贯彻情况。
（2）检查交通安全管理工作监督、检查和考核情况。
（3）检查交通、消防、安保、反恐等安全应急预案编制情况。
（4）检查工程项目、办公场所、车辆交通、食品卫生等后勤本质安全管理执行情况。
（5）检查新冠肺炎疫情防控工作开展情况。

资料清单

（1）年度会议召开文件资料及年度工作安排资料。
（2）年度重点工作落实完成资料（隐患排查、教育培训、风险管控、反违章）。
（3）年度重点工作总结。
（4）新冠肺炎疫情防控工作记录。

典型问题

（1）未布置年度重点工作，未开展专业月度安全检查。
（2）未结合实际编制应急预案或应急预案长期未修订。
（3）对重点场所疏于管控，安全隐患未消除。
（4）新冠肺炎疫情防控工作开展不扎实，外来人员管控不严格等。

六、消防、交通安全管理工作开展情况

巡查重点

（1）检查市县公司后勤部门消防组织机构、消防安全责任制建立、消防安全管理、消防安全监督等部门职责文件，公司及各基地、办公大楼消防第一责任人落实情况。
（2）检查调度楼及生产辅助性等场所消防隐患排查专项活动开展和治理情况，以及消防应急培训演练情况。
（3）检查消防与主体工程“三同时”“双验收”要求履行情况。
（4）检查有关工程项目的消防设计审核和验收情况，检查作业现场（含项目部）消防器材配置和消防逃生通道畅通情况。
（5）检查消防维保单位和人员资质情况，检查维保质量和规范性。
（6）检查交通安全管控情况。

资料清单

（1）消防安全领导组织机构文件、消防安全管理制度。

（2）调度楼及生产辅助性等场所消防隐患排查治理资料。

（3）办公（调度）楼消防验收资料（验收或备案凭证）。

（4）消防控制室消防设施操作员资质文件。

（5）生产、公务车辆台账及运维情况，特种车辆的台账及检验文件。

（6）驾驶员安全培训、学习、持证上岗情况。

（7）消防、交通安全专项检查开展记录。

（8）消防维保单位和人员资质。

典型问题

（1）消防机构未建立，行政正职未作为第一责任人。

（2）消防制度分工不明确。

（3）未定期开展消防演练。

（4）火灾报警系统未投入运行。

（5）消防通道不畅通，缺少消防标识。

（6）车辆未配置灭火器或灭火器不合格。

（7）未开展交通安全检查、车辆检查，车辆未维保，存在安全隐患。

（8）消防维保单位和人员资质不满足要求。

七、特种设备安全管理情况

巡查重点

检查特种设备管理情况。

资料清单

特种设备、特种作业人员安全管理情况（台账、检验报告、特种作业及特种设备操作人员培训取证材料）。

典型问题

特种设备无台账，台账与实际不一致，特种设备操作人员未取证。

八、小型基建项目安全管理情况

巡查重点

（1）检查小型基建工程管理和安全管理制度制定情况。
（2）检查外包项目资格预审、招标条件等安全资信“双准入”管理，工程施工合同、安全协议签订，意外险、社保购买，安全生产费用提取和使用，现场勘察，施工方案编制，安全技术交底执行，开工许可，安全工器具、施工机械、机具现场核查情况。
（3）检查施工人员验资、安全培训、考试和现场“胸卡”落实情况，以及工作票安全措施执行情况。
（4）检查施工过程中管理人员到岗到位、隐患排查治理、问题整改执行情况。
（5）检查施工队伍“黑名单”“重点关注名单”管理和退出机制执行情况。
（6）检查安全生产风险管控平台人员队伍管控模块使用情况。
（7）检查外包队伍安全准入工作开展情况。

资料清单

（1）业务外包有关工程管理和安全管理制度。
（2）近3年已经完工和在建小型基建工程项目清单。
（3）按抽查工程项目提供以下文件：
1）资格预审、招标文件、承包商企业资质和有关管理人员、作业人员资质证明；
2）业主、监理、施工项目部成立文件；
3）工程合同、安全协议；
4）施工许可证或开工报告、备案证明；
5）施工队伍保险合同、安全生产费用提取和使用计划；
6）发包方组织的施工人员培训、考试记录；
7）现场勘察、安全技术交底记录和施工方案，安全工具和施工机械、机具现场核查记录、工作票；
8）管理人员检查记录、整改通知单、整改报告。

典型问题

（1）未按规定开展招标安全资信管理，资格预审文件和招标文件未明确要求提供企业和管理人员安全资质，未开展“黑名单”“重点关注名单”管理。

（2）承包单位将中标项目的主体工程或关键性工作违规分包，核心分包队伍缺乏认定标准，中标单位存在违规借工行为。

（3）劳务外包或分包的工程，劳务人员独立承担危险性大、专业性强的施工作业，发包单位没有负责办理施工方案、工作票，提供施工所需的安全工器具。

（4）部分工程未组建业主、监理、施工项目部，项目经理未履职，合同明确的项目经理与现场项目负责人不一致。同一项目经理存在多项目、多地承揽工程，承包单位未按规定购买工伤或人身意外伤害保险。

（5）施工单位作业人员验资、培训、考核不严格，核心人员变动未报发包单位批准，对流动作业人员失去安全管控。

（6）危险性较大的分部分项工程及施工现场易发生重大事故的部位未组织专项勘察设计、编制专项施工方案和开展专项安全技术交底、监理旁站。

（7）外包工程作业计划管理缺失、工程量与施工计划不匹配、施工计划与实际进度偏差较大。

第三章 巡查工作实施

第一节　巡查准备

一、组建巡查组

公司安委办提出巡查组成员建议名单，经安委会审定后成立巡查组。

二、巡查前培训

接受统一组织的集中培训和组内培训，深刻理解安全生产巡查的意义和目的，深入学习工作规定、工作方案、巡查标准，牢固掌握安全生产相关法律法规、规章制度、技术标准、重要文件等。通过培训统一巡查尺度，明确工作目的、方法步骤和工作要求等。

三、编制内容提纲

对巡查的切入点，可能碰到的重点、难点、疑点问题开展讨论，可以同组之间讨论，也可以同专业之间讨论。在此基础上编制调研问卷、个人访谈提纲、座谈会方案、启动会议程以及巡查重点内容提纲等。

1. 编制调研问卷

在集中培训时，专家组需完成 A、B、C、D 四套问卷调查。其中 A 卷面向市公司级单位安委会全体成员发放；B 卷面向县级单位领导、管理人员发放；C 卷面向直属单位、省管产业单位公司领导、管理人员发放；D 卷面向生产班组班组长及一线员工发放。问卷编制需要注意以下方面：

问题应当有倾向性。

在培训期间，各组专家结合培训内容和被巡查单位的备查资料，整理出本专业重点关心的问题或者需要重点了解的情况。

问卷内容要有侧重点。

内容要考虑检查单位不同层级、管理的侧重点编制，尽量能从问卷中了解基本的情况，为后续现场巡查工作提供参考。

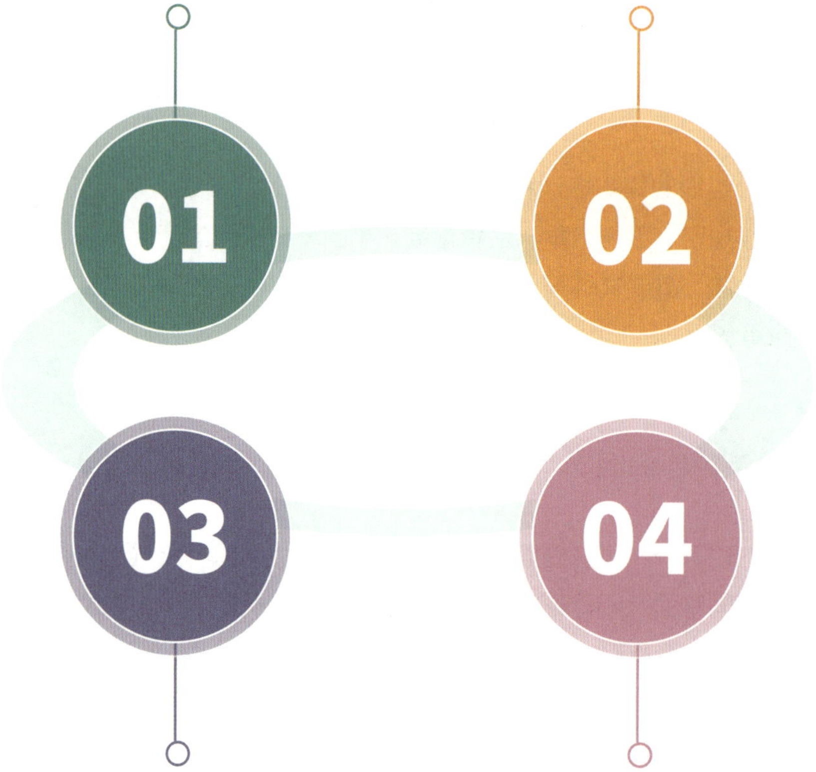

问题设置要相对开放、灵活。

尽量避免设置需要大段硬背的内容，问题侧重主观、注重针对性。

问卷可根据实际情况动态调整。

可以在巡查过程中不断调整，以利于巡查工作有效推进，避免千篇一律。

A、B、C、D 四套调查问卷模板如图 3-1~ 图 3-4 所示。

示例 1：安全生产巡查调查问卷（A 套）

安全生产巡查调查问卷（A 套）

（地市公司层面）

部门（单位）：　　　　　　岗位：

1. 国家电网公司“四个管住”是指：

2. 你认为本单位在下面哪个方面的安全管理基础最为薄弱？（可多选）
A. 人身安全　　B. 电网安全　　C. 设备安全
D. 基建安全　　E. 网络信息安全　　F. 交通安全
G. 消防安全　　H. 省管产业单位安全

3. 你单位的安全责任清单是否纳入安全教育培训计划和安全考试试题？
A. 是　　B. 否

4. 本岗位安全责任清单内容有哪些：

5. 请分别写出你认为本单位安全管理较好和较差的 2 个工区、县公司或班组：
较好：____________
较差：____________

6. 你觉得本单位省管产业单位的安全风险管控水平目前所处现状属于（　）。
A. 较好　　B. 一般　　C. 较差

7. 国家电网公司“五查五严”风险隐患排查内容是哪五项？

8. 本单位作业现场管理人员到岗到位制度如何规定的，在执行过程存在哪些问题，您有何建议？

9. 你对近两年国家电网公司发生过的哪一起人身安全事故案例印象最深刻，请描述事件简要经过和原因？

10. 你认为本单位安全管理盲区在哪里，应如何加强管控？

11. “三指定”指什么？

图 3-1　安全生产巡查调查问卷（A 套）

示例 2：安全生产巡查调查问卷（B 套）

安全生产巡查调查问卷（B 套）
（县公司层面）

部门（单位）：　　　　　　　岗位：

1. 你认为本单位定期开展安全教育培训工作的针对性情况如何？（　）
A. 好　　B. 较好　　C. 不好

2. 今年以来，到你所在单位（班组）检查指导过安全生产工作的地市公司级单位领导主要有：

3. 根据你的了解，在你单位范围内，外包工程是否存在资质挂靠、违规分包现象？（　）
A. 不存在　　B. 一定程度存在　　C. 较为突出　　D. 不太清楚

4. 本岗位安全责任清单内容有哪些：

5. 国家电网公司“四个管住”是指：

6. 请写出你认为本单位安全管理较好和较差的中心供电所：

7. 据你了解，本单位班组在抢修工作中遇到投诉压力时，是如何落实现场安全管理要求的？

8. 你认为县公司层面在安全管理方面存在的最突出问题是什么？

9. 请描述你近两年学习过的一起安全事故简要经过和原因？

10. “三指定”指什么？

图 3-2　安全生产巡查调查问卷（B 套）

示例 3：安全生产巡查调查问卷（C 套）

安全生产巡查调查问卷（C 套）
（直属单位、省管产业层面）

部门（单位）： 岗位：

1. 你觉得本单位省管产业单位的安全风险管控水平目前所处现状属于（ ）。
A. 较好 B. 一般 C. 较差

2. 你认为省管产业单位的突出安全风险主要是：

3. 在你单位范围内，外包工程是否存在挂靠资质承接工程、违规分包现象？（ ）
A. 不存在 B. 一定程度存在 C. 较为突出

4. 在你单位承接的主业基建、技改项目、用户工程中，项目部是否建立健全并认真履责？（ ）
A. 是 B. 否 C. 还有一定差距

5. 本岗位安全责任清单内容有哪些？

6. 你单位主要承揽的业务种类有哪些，作业计划管理存在哪些困难？

7. 你单位的承揽工程量和施工力量匹配程度如何，施工班组中哪些是自有人员？

8. 你单位核心分包队伍管理评价机制是如何规定的？

9. 请描述你近两年学习过的一起安全事故简要经过和原因。

10. “三指定”指什么？

图 3-3 安全生产巡查调查问卷（C 套）

示例 4：安全生产巡查调查问卷（D 套）

安全生产巡查调查问卷（D 套）
（班组层面）

单位：　　　　班组：

1. 你单位有哪些安全奖项，你或他受到何种安全奖励，请举例：

2. 你是否了解本岗位的安全责任清单，请列举其中的主要内容：

3. 你学习或经历过哪些人身安全事故案例，请予以描述：

4. 请列举你最近 2 周参加工作的内容、时间及到岗到位人员：

5. 你认为班组安全管理存在哪些问题，单位领导是否了解基层班组现状，请列举今年以来参加你所在的班组安全日活动的公司领导：

6. “三指定”指什么？

图 3-4　安全生产巡查调查问卷（D 套）

2. 编制个人访谈提纲

（1）与领导的访谈。各专家结合培训内容以及被巡查单位的资料，提供给组长和副组长访谈提纲，内容需与调查问卷相呼应，访谈提纲模板见图 3-5。

示例 1：安全生产巡查谈话提纲

安全生产巡查谈话提纲
（市公司总经理）

1. 省公司 XX 年的安全目标是“XXX、XXX”，您知道具体指的是什么吗？本单位今年的安全目标是什么？

2. 保证公司安全形势平稳极端重要，XXX 董事长强调领导干部要正确认识并重视谋划工作，您在安全生产工作方面是如何谋划执行的？

3.《中华人民共和国安全生产法》规定生产经营单位主要负责人有七条安全职责，请就其中一条职责，谈一谈您在日常工作中开展了哪些工作？

4. 本单位现阶段有哪些安全风险和隐患令您担忧，您通过组织召开安委会审议决策了哪些重大事项？

5. 作为本单位的主要负责人，今年以来您去过哪几个基层单位调研，您认为安全生产管理基础较好和较差的基层单位（含县公司）是哪些，主要表现在哪几个方面？

6. 您认为本单位省管产业单位的突出安全风险主要有哪些？

7. 您认为国家电网公司和省公司的安全管理体制、机制方面还存在什么问题和不足，有哪些建议？

图 3-5　安全生产巡查谈话提纲—与领导访谈（一）

示例 2：安全生产巡查谈话提纲

（市公司党委书记）

1. 省公司 XX 年的安全目标是“XXX、XXX”，您知道具体指的是什么吗？本单位今年的安全目标是什么？

2. 保证公司安全形势平稳极端重要，XXX 董事长强调领导干部要正确认识并重视谋划工作，您在安全生产工作方面是如何谋划执行的？

3.《国家电网公司安全职责规范》规定党委书记有六条安全职责，请就其中一条职责，谈一谈您在日常工作中开展了哪些工作？

4. 您在本单位干部考核、选拔、任用及思想政治工作检查评比中，是否把安全工作业绩作为重要的考核内容，具体采取了哪些措施？

5. 作为本单位的党委书记，今年以来您去过哪几个基层单位调研安全生产工作，解决了安全生产管理方面哪些问题？

6. 您认为本单位省管产业单位的突出安全风险主要有哪些？

7. 本单位党建与安全管理融合方面开展了哪些工作？

图 3-5　安全生产巡查谈话提纲—与领导访谈（二）

示例 3：安全生产巡查谈话提纲

（市公司副总经理通用）

1. 省公司 XX 年的安全目标是“XXX、XXX”，您知道具体指的是什么吗？本单位今年的安全目标是什么？

2. 保证公司安全形势平稳极端重要，XXX 董事长强调领导干部要正确认识并重视谋划工作，您在安全生产工作方面是如何谋划执行的？

3. 今年以来您参加了几次安委会会议，提出了哪些有关安全生产重大问题和建议措施，执行成效如何？

4. 针对“管业务必须管安全”，您是怎么理解和落实的？

5. 今年以来，您在分管范围内调研了哪些单位，了解到存在哪些安全生产突出问题？您提出了哪些针对性管理要求，落实的效果怎样？

6. 本单位对国家电网公司印发的新版《安全事故调查规程》是如何宣贯的，您对安全事件（事故）上报时限是否清楚？

7. 您认为本单位安全生产管理基础较好和较差的基层单位（含县公司）是哪两家，主要表现在哪些方面？

8. 您认为国家电网公司和省公司的安全管理体制、机制方面还存在什么问题和不足，有哪些建议？

图 3-5　安全生产巡查谈话提纲—与领导访谈（三）

示例 4：安全生产巡查谈话提纲

（市公司分管安全生产副总经理补充）

1. 本单位设备运维过程中“以抢代维”现象是否严重，针对抢修过程中的安全风险采取了哪些管控措施，落实成效如何？

2. 本单位高风险作业现场管理人员“到岗到位”制度执行过程中存在哪些问题？对于未能落实“到岗到位”现场采取哪些管理措施？

3. 本单位在落实技改大修“自己干”方面制定了哪些措施，主要安全风险和难点有哪些？

（市公司分管基建副总经理补充）

1. 本单位在落实国家电网公司基建项目 12 项配套措施过程中存在哪些难点？

2. 本单位基建工程外包单位主要有哪些？对这些队伍有哪些管理措施？对施工人员开展了哪些安全培训？

图 3-5　安全生产巡查谈话提纲—与领导访谈（四）

示例 5：安全生产巡查谈话提纲

（市公司分管省管产业单位副总经理补充）

1. 省管产业单位核心分包队伍是如何管理的？您采取了哪些措施，杜绝省管产业单位工程“以包代管”现象的？

2. 省管产业单位作业计划管理存在哪些问题？客户工程作业计划是否纳入线上管控，落实成效如何？

（市公司分管营销农电副总经理补充）

1. 本单位开展了哪些新业务新业态，存在哪些安全风险，采取了何种管控措施，落实成效如何？

2. 高危及重要电力用户是如何管理的，日常管控过程中存在哪些问题，采取了哪些管控措施，落实成效如何？

3. 本单位营销专业作业计划管理采取了哪些管控措施，落实成效如何？

4. 本单位中心供电所管理存在哪些问题？您对省公司目前关于供电所管理要求有什么建议？

图 3-5 安全生产巡查谈话提纲—与领导访谈（五）

示例 6：安全生产巡查谈话提纲

（市公司安全总监、部门负责人通用）

1. 省公司 XX 年的安全目标是“XXX、XXX”，您知道具体指的是什么吗？本单位今年的安全目标是什么？

2. 国家电网公司提出“五查五严”风险隐患排查整治方案，XXX 董事长指出大家要提高政治敏锐性和领悟力，本单位都采取了哪些落实举措，执行成效如何？

3. 针对“管业务必须管安全”，您是怎么理解和落实的？

4. 你所在岗位或部门主要有哪些安全责任，你认为自己在履行岗位安全责任上还有哪些方面需要改进？

5. 您认为本单位安全生产管理基础较好和较差的基层单位（含县公司）是哪两家，主要表现在哪些方面？

6. 本单位（本专业）安全生产培训是如何开展的？存在哪些问题，采取了哪些措施？

7. 本单位作业现场管理人员“到岗到位”制度是如何规定的，执行过程中存在哪些问题？

8. 本单位安全奖惩考核主要内容有哪些？您认为落实成效如何？

9. 您对公司系统安全管理工作有哪些建议？

图 3-5　安全生产巡查谈话提纲—与领导访谈（六）

示例 7：安全生产巡查谈话提纲

（市公司安监、运检、营销部门负责人补充）

1. 本单位“两票”管理和执行方面存在哪些问题？采取了哪些措施，落实成效如何？

2. 本单位业务外包过程中是否存在以包代管的现象？采取了哪些管控措施，落实成效如何？

（市公司基建部门负责人补充）

1. 本单位核心劳务分包队伍是如何产生的，今年纳入“黑名单”或“负面清单”的队伍有哪些？核心劳务分包队伍管理方面存在哪些问题或薄弱环节，采取了哪些管控措施，落实成效如何？

2. 本单位在落实国家电网公司基建项目 12 项配套措施过程中存在哪些难点？

3. 本单位现场停工“五条红线”是如何执行的，存在哪些问题，采取了哪些管控措施，落实成效如何？

图 3-5　安全生产巡查谈话提纲—与领导访谈（七）

示例 8：安全生产巡查谈话提纲

（市公司省管产业单位管理部门负责人补充）

1. 本单位省管产业单位承揽客户工程量有多少，占工程总量比例是多少，作业计划管理存在哪些问题？

2. 本单位省管产业单位承揽工程施工分包模式有哪些？分包队伍和人员管理是如何开展的，存在哪些问题？

3. 本单位省管产业单位土建工程分包管理存在哪些问题？采取了哪些措施，落实成效如何？

4. 本单位劳务分包队伍和人员“四统一”管理是如何开展的，存在哪些问题，采取了哪些措施，落实成效如何？

图 3-5　安全生产巡查谈话提纲—与领导访谈（八）

示例 9：安全生产巡查谈话提纲

（市公司省管产业单位负责人）

1. 省公司 XX 年的安全目标是“XXX、XXX”，您知道具体指的是什么吗？本单位今年的安全目标是什么？

2. 国家电网公司提出“五查五严”风险隐患排查整治方案，XXX 董事长指出大家要提高政治敏锐性和领悟力，本单位都采取了哪些落实举措，执行成效如何？

3. 作为本单位的负责人，今年以来您去过哪几个基层单位调研，解决了安全生产管理方面哪些问题？

4. 本单位省管产业单位现场作业人身安全风险有哪些，采取了哪些管控措施，落实成效如何？

5. 本单位省管产业单位承揽客户工程量有多少，占工程总量比例是多少，作业计划管理存在哪些问题？

6. 本单位省管产业单位承揽工程施工分包模式有哪些？分包队伍和人员管理是如何开展的，存在哪些问题？

7. 这几年省管产业单位业务量持续增长，在同质化管理、承载力方面存在哪些问题，您采取了哪些措施，效果如何？

8. 您认为国家电网公司和省公司的省管产业单位安全管理体制、机制方面还存在什么问题和不足？有哪些建议？

图 3-5 安全生产巡查谈话提纲—与领导访谈（九）

（2）与基层的访谈。各专家根据分工，结合被巡查单位资料，设定一个访谈框架，保证访谈时不遗漏重点，访谈提纲模板见图 3-6。

示例 1：安全生产巡查谈话提纲

（县公司总经理）

1. 省公司 XX 年的安全目标是“XXX、XXX”，您知道具体指的是什么吗？本单位今年的安全目标是什么？

2. 国家电网公司提出“五查五严”风险隐患排查整治方案，XXX 董事长指出大家要提高政治敏锐性和领悟力，您是如何理解执行的？

3.《中华人民共和国安全生产法》规定生产经营单位主要负责人有七条安全职责，您对照执行得怎么样？哪一条做的有差距，请谈一下原因？

4. 本单位现阶段有哪些安全风险和隐患令您担忧，您通过组织召开安委会审议决策了哪些重大事项？

5. 本单位安全费用、安全奖励基金是否足额提取？如何确保规范使用？

6. 您认为本单位省管产业单位的突出安全风险主要有哪些？

7. 您认为国家电网公司和省公司的安全管理体制、机制方面还存在什么问题和不足，有哪些建议？

图 3-6　安全生产巡查谈话提纲—与基层访谈（一）

示例 2：安全生产巡查谈话提纲

（县公司党委书记）

1. 省公司 XX 年的安全目标是“XXX、XXX”，您知道具体指的是什么吗？本单位今年的安全目标是什么？

2. 国家电网公司提出“五查五严”风险隐患排查整治方案，XXX 董事长指出大家要提高政治敏锐性和治领悟力，您是如何理解执行的？

3.《国家电网公司安全职责规范》规定党委书记有六条安全职责，您对照执行得怎么样？哪一条做的有差距，请谈一下原因？

4. 您在本单位干部考核、选拔、任用及思想政治工作检查评比中，是否把安全工作业绩作为重要的考核内容，具体采取了哪些措施？

5. 作为本单位的党委书记，今年以来您去过哪几个基层单位调研安全生产工作，解决了安全生产管理方面哪些问题？

6. 您认为本单位省管产业单位的突出安全风险主要有哪些？

7. 本单位如何将安全管理和党建工作相融合？

图 3-6 安全生产巡查谈话提纲—与基层访谈（二）

示例 3：安全生产巡查谈话提纲

（县公司副总经理通用）

1. 省公司 XX 年的安全目标是“XXX、XXX”，您知道具体指的是什么吗？本单位今年的安全目标是什么？

2. 国家电网公司提出“五查五严”风险隐患排查整治方案，XXX 董事长指出大家要提高政治敏锐性和领悟力，本单位都采取了哪些落实举措，执行成效如何？

3. 今年以来您参加了几次安委会会议，提出了哪些有关安全生产的重大问题和建议措施，执行成效如何？

4. 针对“管业务必须管安全”，您是怎么理解和落实的？

5. 今年以来，您在分管范围内调研了哪些单位，了解到存在哪些安全生产突出问题？您提出了哪些针对性管理要求，落实的效果怎样？

6. 本单位对国家电网公司印发的新版《安全事故调查规程》是如何宣贯的，您对安全事件（事故）上报时限是否清楚？

7. 您认为国家电网公司和省公司的安全管理体制、机制方面还存在什么问题和不足，有哪些建议？

图 3-6　安全生产巡查谈话提纲—与基层访谈（三）

示例 4：安全生产巡查谈话提纲

（县公司分管安全生产副总经理补充）

1. 本单位设备运维过程中“以抢代维”现象是否严重，针对抢修过程中的安全风险采取了哪些管控措施，落实成效如何？

2. 本单位高风险作业现场管理人员“到岗到位”制度执行过程中存在哪些问题？对于未能落实“到岗到位”现场采取哪些管理措施？

（县公司分管基建副总经理补充）

1. 本单位在落实国家电网公司基建项目 12 项配套措施过程中存在哪些难点？

2. 本单位基建工程核心分包队伍是如何产生的，对核心分包队伍有哪些管理措施？核心分包队伍人员开展了哪些安全培训？

（县公司分管省管产业单位副总经理补充）

1. 本单位省管产业单位承揽客户工程占工程总量比例是多少，作业计划管理存在哪些问题？

2. 本单位省管产业单位同质化管理存在哪些问题和难点，采取了哪些措施，落实成效如何？

图 3-6　安全生产巡查谈话提纲—与基层访谈（四）

示例 5：安全生产巡查谈话提纲

（县公司分管营销农电副总经理补充）

1. 本单位开展了哪些新业务新业态，存在哪些安全风险，采取了何种管控措施，落实成效如何？

2. 高危及重要电力用户是如何定级的，日常管控过程中存在哪些问题，采取了哪些管控措施，落实成效如何？

3. 本单位营销专业作业计划管理采取了哪些管控措施，落实成效如何？

（县公司安全总监、部门负责人通用）

1. 省公司 XXX 年的安全目标是“XXX、XXX”，您知道具体指的是什么吗？本单位今年的安全目标是什么？

2. 国家电网公司提出“五查五严”风险隐患排查整治方案，XXX 董事长指出大家要提高政治敏锐性和领悟力，本单位都采取了哪些落实举措，执行成效如何？

3. 针对“管业务必须管安全”，您是怎么理解和落实的？

4. 本单位对国家电网公司印发的新版《安全事故调查规程》是如何宣贯的，您对安全事件（事故）上报时限是否清楚？

5. 本单位（本专业）安全生产培训是如何开展的？存在哪些问题，采取了哪些措施？

6. 本单位作业现场管理人员“到岗到位”制度是如何规定的，执行过程中存在哪些问题？

7. 本单位安全奖惩考核主要内容有哪些？您认为落实成效如何？

8. 您对公司系统安全管理工作有哪些建议？

图 3-6　安全生产巡查谈话提纲—与基层访谈（五）

示例 6：安全生产巡查谈话提纲

（县公司安监、运检、营销部门负责人补充）

1. 本单位“两票”管理和执行方面存在哪些问题？采取了哪些措施，落实成效如何？

2. 本单位业务外包过程中是否存在以包代管的现象？采取了哪些管控措施，落实成效如何？

（县公司基建部门负责人补充）

1. 本单位核心劳务分包队伍是如何产生的，今年纳入“黑名单”或“负面清单”的队伍有哪些？核心劳务分包队伍管理方面存在哪些问题或薄弱环节，采取了哪些管控措施，落实成效如何？

2. 本单位在落实国家电网公司基建项目 12 项配套措施过程中存在哪些难点？

3. 本单位现场停工“五条红线”是如何执行的，存在哪些问题，采取了哪些管控措施，落实成效如何？

图 3-6 安全生产巡查谈话提纲—与基层访谈（六）

（3）动态修正。访谈提纲应在巡查过程中根据实际情况动态修正，不断聚焦关键点，为巡查报告提供支撑。

3. 座谈会方案

与被巡查单位地市公司、直属单位、省管产业单位、县公司的一线人员、班组长、管理人员围绕相关安全主题开展座谈，座谈会方案模板见图 3-7。

示例：安全生产巡查组座谈会方案

安全生产巡查组座谈会方案

一、会议时间

X月XX日上午09:00-12:00;下午14:00-17:00

二、会议地点

XX楼XX会议室

三、参会单位

XX公司、XX部门、XX班组

四、参会人员

1.XX公司第X安全生产巡查组成员;

2.XX公司相关人员;

3.参会单位人员

（1）XX公司：变电运维、变电检修、输电运检、配电运检、营销、建设、调度、信通等专业班组长（或安全员）和供电所长，省管产业单位项目管理人员，XX县公司XX部主任，省管产业单位负责人，一共X人；

（2）XX直属单位：XX负责人，XX部主任，XX部专职，班组长，共X人。

五、座谈引导提纲（不限于以下范围）

1. 为何违章屡禁不止，主要是哪类人违章，对于做好反违章工作，你有什么建议？

2. 你单位（班组）开展了哪些安全教育培训，你认为成效如何？对于安全教育培训，你有什么建议？

3. 公司系统不同程度存在安全责任落实层层衰减的情况，您认为是什么原因导致的，如何提高员工的责任心？

4. 你认为在生产一线存在的哪些负担应该减去？

5. 你对省公司和本单位安全生产管理有什么意见和建议？

六、记录人员：XX

附件：参会人员名单

图3-7　安全生产巡查组座谈会方案模板（一）

示例：参会人员名单

参会人员名单

一、XX 省公司第 X 安全生产巡查组

XXX 副组长（职务）

XXX 联络员（职务）

二、XX 公司（X 人）

XXX 职务

XXX 职务

图 3-7　安全生产巡查组座谈会方案模板（二）

4. 巡查内容提纲

巡查内容提纲主要包含巡查项目、巡查重点内容、巡查资料清单、巡查典型问题。巡查提纲内容可参考“第二章　巡查工作内容”，内容提纲模板见图 3-8。

序号	巡查项目	巡查具体内容	巡查资料清单	巡查典型问题

图 3-8　安全生产巡查内容提纲模板

四、制定工作计划

在培训期间，巡查组根据安委办的巡查工作方案，对照巡查标准，逐项分解任务，落实责任人。各专家根据任务厘清工作方向和重点，对相关制度、规定再熟悉，并制定巡查工作计划，见图 3-9。

示例：XX 年安全生产巡查工作计划安排

XX 年安全生产巡查工作计划安排

一、巡查单位：XX 公司（县公司 1、省管产业）、XX 公司（县公司 1、省管产业）

巡查单位及巡查时间安排（XX 月 XX 日至 XX 月 XX 日）

<table>
<tr><th>序号</th><th>巡查组</th><th>巡查单位</th><th>巡查单位安排</th><th>巡查时间安排</th><th>备注</th></tr>
<tr><td rowspan="3">1</td><td rowspan="3">第一巡查组</td><td rowspan="3">XX 公司</td><td>市公司</td><td>XX 月 XX 日</td><td rowspan="3">XX 月 XX 日巡查组至 XX 市公司报道，XX 月 XX 日巡查组汇总巡查情况，编制巡查报告</td></tr>
<tr><td>省管产业</td><td>XX 月 XX 日</td></tr>
<tr><td>县公司 1</td><td>XX 月 XX 日</td></tr>
<tr><td rowspan="3">2</td><td rowspan="3">第二巡查组</td><td rowspan="3">XX 公司</td><td>市公司</td><td>XX 月 XX 日</td><td rowspan="3">XX 月 XX 日巡查组至 XX 市公司报道，XX 月 XX 日巡查组汇总巡查情况，编制巡查报告</td></tr>
<tr><td>省管产业</td><td>XX 月 XX 日</td></tr>
<tr><td>县公司 1</td><td>XX 月 XX 日</td></tr>
</table>

图 3-9　安全生产巡查工作计划安排（一）

示例：XX 年安全生产巡查工作计划安排

二、巡查工作具体日程安排（第一批）（样例，巡查组自己本组制定）：

<table>
<tr><th>时间</th><th>工作地点</th><th>工作任务</th></tr>
<tr><td></td><td></td><td></td></tr>
<tr><td></td><td></td><td></td></tr>
<tr><td></td><td></td><td></td></tr>
<tr><td></td><td></td><td></td></tr>
<tr><td></td><td></td><td></td></tr>
<tr><td></td><td></td><td></td></tr>
<tr><td></td><td></td><td></td></tr>
<tr><td></td><td></td><td></td></tr>
<tr><td>其他说明</td><td colspan="2">（1）提前沟通做好每日工作安排（组内、组外）
①提前细化每日工作安排，联络员统筹第二天的行程和工作安排；
②提前与被巡单位联系人沟通确定第二天行程和省公司配合部门、单位和专业人员；
③遇到紧急情况，及时调整。

（2）及时汇总反映问题（对内、对外、对上）
①根据巡查工作开展情况，专家应及时主动向联络员反映被查单位配合情况，并提出配合需求；
②巡查问题当天汇总报备安监部；
③联络员汇总后，第一时间和被巡单位联系人沟通；
④对于专业问题，专家直接与被巡查单位专业配合人员沟通和上级单位，提高效率。

（3）其他注意事项
①巡查组将视情况列席被巡查单位安全生产相关会议，列席时不做点评、不发言；
②巡查组每天晚上集中进行当日工作小结。</td></tr>
</table>

图 3-9 安全生产巡查工作计划安排（二）

五、下达巡查通知

根据巡查工作任务和计划安排，对被巡查单位下达巡查通知，并对被巡查单位提出配合巡查工作的具体要求，巡查通知模板见图 3-10。

示例：巡查工作通知

国网安徽省电力有限公司安全生产委员会
办公室关于开展 XX 年安全生产
巡查工作的通知

公司各单位：

按照公司工作安排，依据公司安全生产巡查工作规定和 XX 年安全生产巡查工作方案，公司计划组织开展安全生产巡查工作，有关事项通知如下。

一、巡查任务

对安全生产决策部署贯彻、安全目标管理、安全责任体系、安全基础保障、安全保证体系、安全监督体系、双重预防机制、应急管理工作等八个方面开展巡查工作，督促各级认真履行安全职责，强化安全生态建设，保证安全生产重点工作落实，推动安全管理水平持续提升。

二、巡查单位

国网 XX 公司。

三、巡查方式

（一）召开启动会。被巡查单位作安全生产工作简要汇报，被巡查单位党政主要领导作安全述职（启动会等安排见附件 1，安全述职模板见附件 2）。

（二）问卷调查。发放安全生产问卷，调查了解有关情况。

（三）发布巡查公告并设置意见箱。在被巡查单位网站发布安全生产巡查公告（见附件 3），并收集安全生产意见建议。

（四）个人访谈。与有关领导、部门负责人、管理人员谈话。

（五）列席会议。列席安全生产有关会议、班组活动等。

图 3-10　关于开展安全生产巡查工作的通知模板（一）

（六）查阅资料。调阅、复制有关文件、档案、会议记录等。按照资料清单（见附件 4）做好纸质和电子版材料收集汇总。

（七）现场核查。到有关部门、单位、班组、现场了解情况。

（八）开展“四不两直”“暗查暗访”。

（九）对重点、难点问题开展专项分析等。

四、巡查安排

每一批为两个巡查组同时启动巡查工作，抽查市级公司、省管产业单位和 1 个县公司（“1+1+1”），巡查时间为 X 周。各巡查组成员名单另行下发。

计划巡查时间：

第一批（XX 公司）：X 月 X 日 –X 月 X 日；

第二批（XX 公司）：X 月 X 日 –X 月 X 日。

五、工作要求

（一）被巡查单位要高度重视，自觉接受、积极配合巡查组工作，如实反映安全生产情况，提供有关资料、信息系统访问权限等（被巡查单位工作准备及配合要求见附件 5）。

（二）巡查工作不替代被巡查单位的安全管理职能，巡查过程中被巡查单位发生安全事故或突发事件，巡查可暂停并择机恢复。

（三）被巡查单位统一安排巡查组办公、住宿地点。提供巡查工作办公基本条件，严格遵守保密法律法规和公司规定。

（四）严格落实中央“八项规定”精神和公司工作纪律，轻车简从、廉洁自律，严肃认真开展巡查工作。

（五）被巡查单位明确一名工作联系人，X 月 X 日前报省公司安委办，做好工作衔接。

附　件：

1. 安全生产巡查启动会等安排
2. 安全述职报告（模板）
3. 国网 XX 公司安全生产巡查公告
4. 国网安徽省电力有限公司 XX 年安全生产巡查资料清单
5. 被巡查单位工作准备及配合要求

国网安徽省电力有限公司安全生产委员会办公室

XX 年 XX 月 XX 日

图 3–10　关于开展安全生产巡查工作的通知模板（二）

第二节　现场巡查

一、巡查形式

“总-分-总”模式

（1）对资料进行审查，对被巡查单位各专业管理部门巡查。

（2）赴被巡查单位二级单位和三级单位了解各专业的贯彻执行情况。

（3）安排时间回溯到被巡查单位敲实问题症结，编写问题清单、巡查报告。

“二下二上”模式

（1）一下：对被巡查单位各专业管理部门巡查，对二级单位、三级单位进行现场巡查；掌握典型问题。

（2）一上：根据现场巡查情况对被巡查单位整体管理进行核对，编写第一阶段问题清单、中期报告；分析确定待补充、核实巡查的内容。

（3）二下：对被巡查单位各专业管理部门巡查，对二级单位、三级单位进行现场巡查；补充典型问题。

（4）二上：到被巡查单位敲实问题症结，编写问题清单、巡查报告。

“先整体，后分组”模式

先整体进驻，所有专家共同进退，专家能够赴所有被巡查基层单位了解情况，该模式下专家组所掌握的问题相对比较全面；后分组进驻，专家组分成两组或数组，组长、副组长、指定权威专家可各带一队开展工作，该模式的工作效率和工作针对性相对较高。

二、巡查方法

1. 召开启动会

开展安全生产巡查动员，通报巡查工作安排。启动会当天，被巡查单位做简要工作汇报，并提交安委会成员书面安全述职材料，安全生产巡查启动会等安排模板见图 3-11，安全述职报告模板见图 3-12。

示例 1：安全生产巡查启动会等安排

安全生产巡查启动会等安排

（一）安全生产巡查启动会

X 月 X 日组织被巡查单位召开安全生产巡查启动会议。

1. 参会人员：国网安徽省电力有限公司安委会办公室负责人，巡查组成员，被巡查单位安委会全体成员。

2. 会议主持：巡查组组长

3. 会议议程：

（1）巡查组宣读《安全生产巡查工作方案》；

（2）被巡查单位主要负责人作安全生产工作汇报；

（3）被巡查单位党政主要领导安全述职；

（4）省公司安委办讲话。

会后进行问卷调查（问卷调查分 A、B、C、D 三类问卷，市公司 A 卷、县公司级 B 卷、省管产业单位 C 卷、班组 D 卷）。

（二）问卷调查

1. 市公司级单位：启动会结束后，开展问卷调查。市公司安委会全体成员参加。（A 卷）

2. 县公司级单位：结合安全生产汇报、座谈、谈话等，对县公司级单位领导、管

图 3-11 安全生产巡查启动会等安排模板（一）

理人员及一线员工，开展问卷调查。（B 卷、C 卷、D 卷）

3. 集体企业单位：结合安全生产汇报、座谈、谈话等，对集体企业领导、管理人员及一线员工，开展问卷调查。（B 卷、C 卷、D 卷）

（三）个人访谈

1. 对市公司：巡查组组长与市公司领导班子谈话；巡查组副组长与市公司部门负责人谈话。

2. 对省管产业、县级单位：巡查组至县级单位、集体企业检查时，组长、副组长对主要负责人、有关领导、管理人员谈话。

（四）座谈会

组织有关地市级单位集中召开 1 次座谈会，收集参会代表对安全生产工作的建议和意见。

参会人员范围：被巡查地市级单位相关部门和所属单位负责人（含集体企业）、管理人员、一线员工代表。

（五）列席安全例会

列席被巡查单位的公司日例会、周生产例会、安全风险管控会、周计划平衡会、班组安全日活动等。

图 3-11　安全生产巡查启动会等安排模板（二）

示例 2：安全述职报告

安全述职报告
（XX 年 X 月 X 日）
姓名　　　职务

【文字精练、言简意赅，篇幅控制在 2000 字以内。】

本人（分）管 XXX 部门（单位），主要工作职责是 XXX。现将 XX 年（任职）以来的安全履责情况报告如下：

一、岗位安全责任

【对照国家、行业、公司、当地政府以及本单位对安全职责的要求，结合安全责任清单和岗位实际工作，简述岗位应履行的主要安全责任。】

二、安全履责情况

【对照岗位安全责任，简述履行安全责任开展的具体工作和取得成效。】

三、履责存在问题

【实事求是、客观真实地反映在安全履责方面存在的问题、短板。】

四、主要改进措施

【针对履责问题、短板，针对性提出加强安全履责方面的有关措施安排。】

图 3-12　安全述职报告模板

2. 调查问卷

要求统一集中填写，不得随带资料进场答卷。

3. 意见箱

（1）意见箱设置与管理。应在巡查组进驻当天在被巡查单位网页显著位置显示安全生产巡查公告（见图3-13），公布录音电话、电子邮箱和安全生产意见箱。并在被巡查单位大楼设置意见箱，意见收集时间从巡查组进驻当天开始到离开之日止。意见箱不能设置在有摄像头的地方，钥匙由巡查组专人管理，每日开箱。采用意见箱、电话、电子邮箱收集意见，每日汇总收集意见并向巡查组组长汇报，来访（电、邮件）登记本模板见图3-14。

示例1：安全生产巡查公告

国网XX公司安全生产巡查公告

按照国网安徽省电力有限公司安全生产委员会工作部署，XXXX年XX月XX日至XX月XX日，国网安徽省电力有限公司第X安全生产巡查组对国网XX公司（被巡查单位）开展安全生产巡查，有关事项公告如下：

安全生产巡查工作依据《国网安徽省电力有限公司安全生产巡查工作规定（试行）》，按照依法依规、实事求是、注重实效原则，重点对安全生产决策部署贯彻、安全目标管理、安全责任体系、安全基础保障、安全保证体系、安全监督体系、双重预防机制、应急管理工作等方面进行巡查，强化安全生态建设，规范安全生产秩序，促进安全管理水平提升。

安全生产巡查期间，广大干部员工可通过电话、邮件、意见箱提出安全生产管理方面的意见、建议。

1. 电话：XX-XXXX（被巡查单位提供）
2. 电子邮箱：XXXXXX@sgcc.com.cn（被巡查单位提供）
3. 安全生产意见箱设在国网XX公司本部办公楼一楼。

特此公告

国网安徽省电力有限公司第X安全生产巡查组

XX年X月X日

图3-13　安全生产巡查公告

示例 2：来访（电、邮件）登记本（模板）

来访（电、邮件）登记本

编号：国网安徽省电力有限公司安全生产巡查第 X 巡查组第 XX 号

序号	日 期	姓 名	联系方式	来访（电、邮件）记录内容	来电□ 来访□ 建箱□ 邮件□	备 注

【说明：被巡查单位干部员工通过来访（电、邮件）或建议箱反映本单位安全生产工作中存在的突出问题，提出加强和改善安全生产工作的意见和建议的，应予以登记记录，对于电话录音每天要及时导出保存音频文件。】

图 3-14 来访（电、邮件）登记本模板

（2）巡查意见箱及内网邮箱注意事项。意见箱明确仅限于安全生产领域有关问题和意见建议。

收到举报类问题时按以下流程处理：

（1）安全生产类举报：被巡查单位协助巡查组核查。

（2）非生产类举报：巡查组按权限移交，涉及市公司管理权限内的移交市公司，涉及省公司管理权限的移交省公司监察部。

4. 个别访谈

个别访谈环节，在访谈提纲的方向上结合安全述职报告，进行深入具体的一对一访谈，主要有以下四个方面的注意事项：

① **围绕访谈提纲或者重点**

针对重点疑点展开，避免浪费专家们的宝贵巡查时间。

② **贯穿专业线**

访谈建议覆盖专业管理部门分管负责人、管理人员，专业室分管负责人、管理人员、班组长、班组成员，形成完整的专业安全图像。

③ **一问到底**

有疑问一定要听到确切的信息，不能含糊过去，导致最后没法落到报告内。

④ **核实查证**

访谈之后必须对相关信息进行查证，查阅资料，关键信息不能疏漏。

安全生产巡查谈话记录模板见图 3-15。

示例：安全生产巡查谈话记录

安全生产巡查谈话记录

编号：第 X 巡查组第 XX 号

时　间：　年　月　日　时　分
地　点：
谈 话 人：
记 录 人：
被谈话人基本情况：
姓　名：
工作单位及职务：
谈话内容：

【说明：谈话记录应当符合谈话本意，可以现场记录，也可以用录音设备整理，但谈话对象必须签字。】

图 3-15　安全生产巡查谈话记录模板

5. 座谈会

组织有关地市级单位集中召开 1 次座谈会，收集参会代表对安全生产工作的建议和意见。座谈会期间要做好座谈会会议记录，会议记录模板见图 3-16。

安全生产巡查座谈会记录

编号：第 X 巡查组第 XX 号

时　间:____年____月____日____时____分
地　点:________________
座谈会参会人数及范围：________________
记 录 人：________________
座谈会的主要内容：

【说明：座谈会议记录可以现场记，也可以录音整理。】

图 3-16　安全生产巡查座谈会记录模板

6. 查阅资料

（1）调阅资料工作要求。

1）巡查组根据工作需要，要求被巡查单位有关部门（单位）提供资料，被巡查单位有关部门（单位）应如实、及时提供有关文件、资料、报告、档案、记录、台账、讲话等材料原件或影印件，关于提供资料的通知见图 3-17。

关于提供安全生产巡查有关资料的通知

（第 X 安全生产巡查组 第 X 号）

X 年 X 月 X 日

XX 公司：

根据安全生产巡查工作需要，请你单位在 X 年 X 月 X 日 X 时前，向巡查组提供如下资料：

1.XXX

2.XXX

联系人：XXX，XXXXXX

图 3-17　关于提供安全生产巡查有关资料的通知

2) 巡查组工作人员应当自觉遵守国家秘密及商业秘密管理相关法律、法规及规定。

3) 被巡查单位按照巡查组要求，提前开通协同办公系统、安全风险管控平台、安监一体化平台、PMS 生产管理系统、调度系统、基建管理系统、SG 186 营销系统、物资管控系统、省管产业单位监管平台、现场作业计划管控系统等相关信息系统访问权限。

4) 巡查组访问前需提前通知被巡查单位做好系统技术支持工作。

(2)调阅资料方法与注意事项。查阅资料主要是调阅、复制有关文件、档案、会议记录等。按照资料清单做好纸质和电子版材料收集汇总，具体的做法和注意事项如下：

在进驻前与被巡查单位沟通，掌握各专业被巡查期间的整体作业计划，避免临时安排。

对于被巡查单位提供的材料，注意甄别，确保实事求是。

巡查的过程中，对于工作的部署、落地，不要仅局限于工作形式或者工作痕迹，重点关注工作是否取得实效。

对于问题的认定，必须复核到具体的实证，避免通过谈话、问卷调查等单方面信息来推论。

对被巡查单位提供的资料开展综合比对，对各类系统信息数据进行综合分析。

7.“四不两直”

采用“四不两直”，即不发通知、不打招呼、不听汇报、不用陪同和接待，直奔基层、直插现场的形式到有关部门、单位、班组、现场了解情况。具体方法如下：

工作计划：在进驻前拿到被巡查单位各专业工作计划，掌握各专业在被巡查期间的整体计划，以便于巡查组结合整体巡查工作统筹安排。

配置专家：“四不两直”至少安排两人一组，专业搭配合理。

重点突出：“四不两直”计划安排时，要结合近年来国网发生的各类事故（事件），梳理出重点，如基建专业拉线地锚作业、索道作业、组塔架线作业、邻近带电体作业、有限空间作业；城农网工程；直属单位、省管产业单位施工；“三跨”施工 EPC 总承包、市政迁改；营销专业“小散低压”；通信专业 OPGW 光缆工作等。

8. 列席会议

列席安全生产有关会议、班组活动等。巡查期间按照要求必须列席被巡查单位安全生产例会，建议选择月度安全生产分析会、周生产例会、生产早会等。

第三节　问题查找

一、事故（事件）梳理分析

(1) XX年以来，事故、责任事件、影响性事件一直没有杜绝，在调度运行、方式安排、专业化管理、设备运维方面是否存在问题。

(2) 安全事件高发的单位、专业是重点巡查对象。

(3) 五、六级事件多发，八级事件起数相对偏低，事件管理是否存在问题，在事件信息报送中，是否存在信息不全的情况。

(4) 人身死亡事故时有发生，应重点关注安全责任体系建设、反措落实、现场安全管控、反违章。

二、事故教训吸取的查证

重复性事件再次发生

2020年3月5日110kV XX线故障，故障原因是未严格按周期开展蓄电池核对性充放电试验，蓄电池容量亏损，全站直流失去，备自投无法动作致使110kV XX变全停，六级电网事件。2020年3月22日110kV XX线再次故障，10kV备自投成功，110kV备自投因压板未投拒动，导致110kV某用户变电站失压。

隐患排查治理不深入

2019年“6·18”事故后，国网XX电力开展了站用交直流电源系统隐患排查治理，排查出XX变电站仅有一回站用电，2016年12月通过增容改造增加了2号站用电。正常运行方式下，该站由一回110kV线路供电，另一回线路备用，但两路站用电均来自于本站，一旦主供线路发生故障，容易失去站用交流电源。

反措不落实，运行维护不到位

2018年4月，XX变电站蓄电池投入运行；2017年10月进行了第一次核对性充放电试验，超期6个月；2018年7月进行了第二次核对性充放电试验，实测容量达额定容量的83%，已非常逼近“容量不得低于80%”限值；2019、2020年均未按要求做相关试验。

三、对计划执行的统计分析

(1) 抽取6~12个月以上的月度生产计划、周生产计划，统计分析计划的执行率。

(2) 通过PMS、配网综合管理系统、线路管理系统、电能量采集等检查无计划停电。

(3) 通过年度技改大修、农网工程、基建、社会工程项目进行比对；通过两票检查统计分析，与计划进行比对；检查紧急故障抢修单，检查计划不执行等问题。

管住计划的落实问题，未建立健全作业安全风险管控机制，作业计划、作业安全风险未实现管理全覆盖；部分专业作业风险定级不准确，作业安全风险发布不规范；部分三级作业风险管控不到位，领导干部和管理人员到岗到位执行不规范，作业安全风险管控能力不足。

(4)

四、对违章管理的分析

(1) 抽取 12 个月以上的反违章统计，检查反违章的落实（监督计划、到岗到位计划、对上级与本单位违章整改学习、闭环处理、违章档案管理、“黑名单”及“重点关注名单”违章分析等）。

(2) 反违章执行不力，未结合实际建立反违章管理制度，违章记分管理要求未落实，保证体系反违章能力不足，反违章过程管理不规范；安全工器具使用与管理不规范、高处作业不正确使用安全带、杆塔组立“两帽一垫”紧固不规范、工作票执行不规范等重复性、习惯性违章反复发生。

(3) 年度安全工作会议分析、月度安全例会纪要分析、两票评价分析、安全重点工作分析、专业报告等。

五、基层座谈会、列席会议中分析

组织集中召开班组座谈会，倾听基层单位对安全生产工作的意见和建议。座谈会以收集意见为主，被检查单位领导、下级单位领导不参加。参加人员以中心、工区、所队级负责人和基层班组长为主，人员选取要有一定的代表性，按照被巡查的基层单位数量和专业类别平均抽取。

巡查期间按照要求必须列席被巡查单位安全生产例会，建议选择月度安全生产分析会、周生产例会、生产早会。

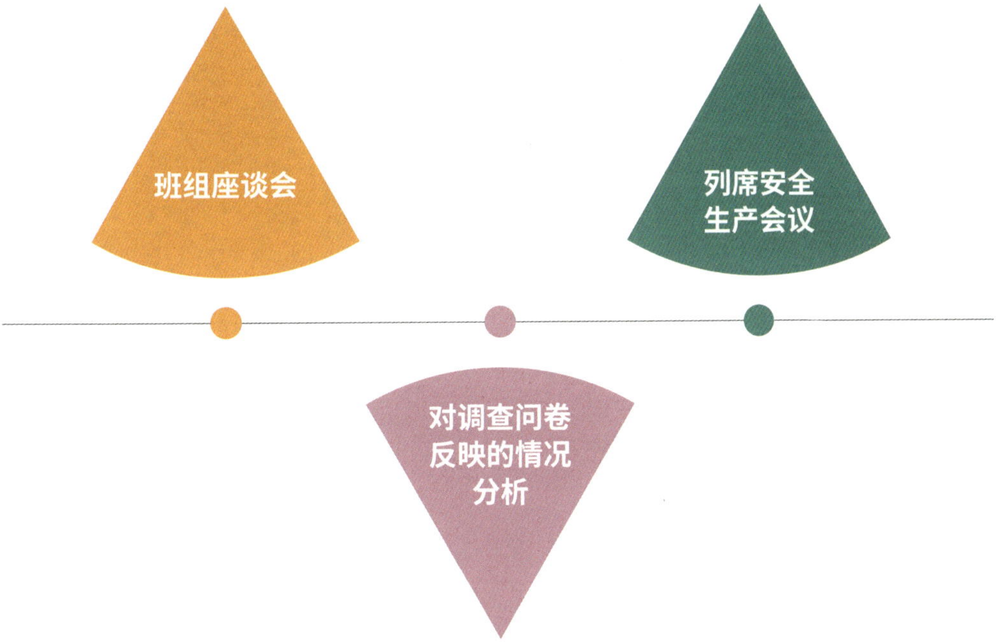

进行调查问卷分析的目的，一是了解各级人员对安全生产法规、安全生产管理制度重要条款熟悉掌握情况；二是了解重点安全生产工作在各级单位的具体落实情况，寻找各级单位安全生产管理工作薄弱环节和“问题线索”；三是分析各级单位安全生产管理工作存在的主要问题与不足。

意见箱举报信件中搜集。意见箱收集到与安全生产有关的线索，要组织核实。涉及安全事故举报方面的线索，组织核实后向公司安委办报告。

第四节　问题编制

一、巡查典型问题编制

1. 编制要求

（1）典型问题定性要准确，要遵照安全生产法规、安全生产规程制度。

（2）典型问题要有深度，找准被查单位安全生产管理工作薄弱环节和薄弱部位。

（3）典型问题的陈述要具体，以数据和事实来陈述（时间、地点、单位、人员、问题结果和影响等）。

（4）典型问题应具有一定的普遍性。

常见典型问题有以下六个方面：

问题一	履责意识不强，贯彻落实不力。
问题二	制度执行乏力，管理缺位失责。
问题三	安全培训不实，基础管理薄弱。
问题四	安全整治不力，闭环跟踪不足。
问题五	风险管控失焦，隐患治理偏弱。
问题六	应急保障不足，持续改进不强。

2. 编制模板

安全生产巡查发现问题清单模板见图 3-18。

国网 XX 供电公司安全生产巡查发现问题清单

序号	问题类别	问题内容	依据文件	涉及单位（部门）	检查人	备注
1	安全生产决策部署落实	只对发现问题内容进行描述（不做分析评价）；可以根据问题性质进行分类整合描述，注意问题层次段落与后面涉及单位对应	文件名称及发文号	可以为一个和多个单位	可以为一名和多名人	
2	安全生产决策部署落实					
3	安全目标管理					
4	安全责任体系					
5	安全基础保障					
6	应急管理工作					

说明：问题类别按照“巡查重点”中的 8 项类别。

图 3-18　安全生产巡查发现问题清单模板

二、巡查报告编写

1. 编制要求

巡查组代表公司安委会行使安全监督权力，报告站位要高，视野要宽，深度要深。

素材决定报告的质量，应将更多精力和时间花在有深度的问题查找上，发现的问题层次要深，种类要全。

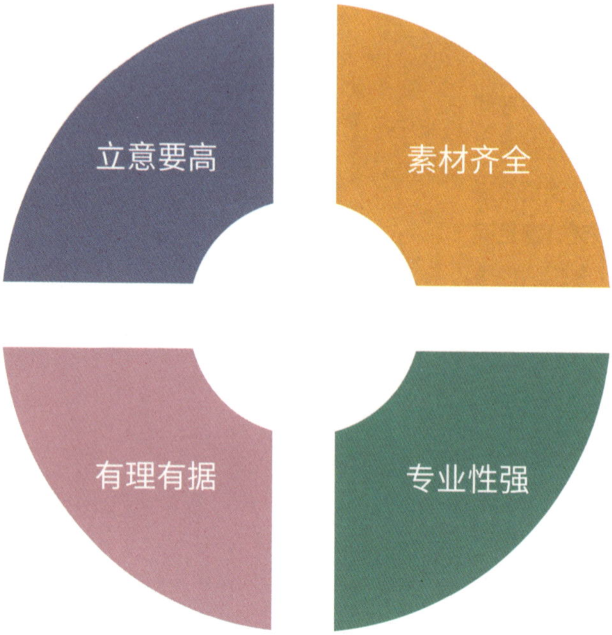

报告以事实和真实可靠的数据为基础，问题定性依据要引证清晰，定性准确。

发挥专家的作用，在分项报告上下功夫，中期报告、报告通稿在组内挑选专业能力强、文字功底好的专家汇总、提炼、修改报告。

2. 编写模板

安全生产巡查情况的报告模板见图 3-19。

关于对国网 XX 公司安全生产巡查情况的报告
（XX 年 X 月 X 日）

国网安徽省电力有限公司安全生产第 × 巡查组

【报告主体部分由被巡查单位安全生产工作的简要评价、存在的主要问题、意见和建议、亮点工作四个部分构成。报告字数原则上不超过 6000 字，但不局限于字数，根据实际情况增减，体现重点突出、言简意赅的要求】

公司安委会：

【体现工作基本情况的内容。包含但不限于以下内容，此部分内容不超过 500 字】

按照统一部署，公司安全生产第 X 巡查组于 20XX 年 X 月 X 日至 X 月 X 日，对国网 XX 公司开展了安全生产巡查。巡查期间，召开会议 XX 个，列席会议 XX 个；赴 XX 部门 XX 单位、XX 供电所、XX 班组进行检查；与 XX 名领导干部、XX 名管理人员、XX 名一线员工进行了谈话；调阅复制资料 XX 份；发放问卷调查 XX 份；下达立行立改问题 XX 件。

一、对国网 XX 公司安全生产工作的简要评价

【此部分内容要坚持正面、客观评价，切忌求大、求全，此部分内容不超过 500 字】

……

二、存在的主要问题（巡查报告核心内容，将各专业存在主要问题进行分类整合描述，以 20~30 条为宜）

【此部分要坚持实事求是原则，突出安全生产巡查要求，从安全生态视角去审视、分析和归纳问题，全面、客观、真实地报告情况、反映问题，体现严肃性、客观性。】

（一）XX 方面存在的主要问题描述

原则上用 3~4 行文字对此类存在问题进行简要概述。

典型案例（举 2~3 个典型案例）

用问题清单的问题内容进行举例（将问题清单的问题内容直接复制过来）。

用问题清单的问题内容进行举例（将问题清单的问题内容直接复制过来）。

……

（二）XX 方面存在的主要问题描述

原则上用 3~4 行文字对此类存在问题进行简要概述。

典型案例（举 2~3 个典型案例）

用问题清单的问题内容进行举例（将问题清单的问题内容直接复制过来）。

用问题清单的问题内容进行举例（将问题清单的问题内容直接复制过来）。

……

三、意见和建议

（一）向 XX 公司提出的意见和建议

【注意与第二部分巡查发现的问题前后对应，整改要求要明确具体，具有可操作性。】

1.……

2.……

3.……

……

（二）向省公司提出的建议和建议

【需要省公司协调解决的问题，提出相关建议】

1.……

2.……

3.……

图 3-19　安全生产巡查情况的报告模板

第五节　巡查整改

一、立行立改问题整改

1. 整改通知

根据巡查到的问题，对被巡查单位下发立查立改问题整改通知，要求其在规定的时间内完成问题清单中的相关问题整改，并在规定期限内将整改报告提交巡查组。立行立改问题整改通知模板见图 3-20。

安全生产巡查立行立改问题整改通知

XX 公司：

根据国家电网有限公司的统一部署，第 X 安全生产巡查组于 XX 月 XX 日至 XX 月 XX 日对 XX 公司开展安全生产巡查，重点检查了安全生产决策部署贯彻、安全目标管理、安全责任体系、安全基础保障、安全保证体系、安全监督体系、双重预防机制、应急管理工作等方面，梳理立查立改问题 X 项（问题清单详见附件）。请 XX 公司对照问题清单，逐条落实整改，XX 月 XX 日前将整改报告报送国网安徽省电力有限公司第 X 安全生产巡查组。

联系人：XXX，XXXXXX

图 3-20　安全生产巡查立行立改问题整改通知模板

2. 问题移交

立行立改问题整改通知经组长审核同意后将问题移交被巡查单位，接收人需签字确认。立行立改问题移交表模板见图 3-21。

安全生产巡查期间立行立改问题移交表

编号：XXX

移交方	**国网安徽省电力有限公司第 × 安全生产巡查组**	**接收方**	
问题内容	1. 2. 3. ……		
承办人意见	拟移交 XXX 办理 姓名： 年 月 日		
组长意见	姓名： 年 月 日		
接收人签字	姓名： 年 月 日		
备注			

图 3-21 安全生产巡查期间立行立改问题移交表模板

3. 台账移交

在巡查期间将所有的移交问题建立台账，并在巡查结束之前进行台账的移交，主要体现移交的时间、移交的问题、是否已办理等。立行立改问题移交台账模板见图3-22。

安全生产巡查期间立行立改问题移交台账

国网安徽省电力有限公司第X安全生产巡查组　　被巡查单位：

序号	编号	移交时间	问题情况	办理情况	备注
1					
2					
3					
4					
5					
6					
7					
8					

图3-22　安全生产巡查期间立行立改问题移交台账模板

二、巡查情况通报

在巡查报告的基础上，根据公司安委会会议精神，编制关于被巡查单位的巡查情况的通报；被巡查单位需按照公司安委会要求，落实安全生产的主体责任，切实抓好整改落实，特别是对存在的突出问题，要认真分析研究，制定整改方案，明确整改措施，落实整改责任，切实推进整改。

根据《国网安徽省电力有限公司安全生产巡查工作规定》，被巡查单位在情况通报反馈会后15个工作日内上报整改方案。公司安委办将适时组织开展监督检查。安全生产巡查情况的通报模板见图3-23。

关于对 XX 公司安全生产巡查情况的通报

巡查反馈意见为巡查正式文书。巡查组应按照公司安委会会议精神，起草巡查反馈意见并经安委办审定。

【总体要求：反馈意见在巡查报告的基础上，根据公司安委会会议精神修改形成。对被巡查单位重点反馈存在的问题，原则上原汁原味反馈，对一些不适合在大会上反馈的事例等进行适当调整。篇幅原则上不超过 5000 字】

【概述巡查组工作情况】按照统一部署，公司安全生产第 X 巡查组于 20XX 年 X 月 X 日至 X 月 X 日，对 XX 公司开展了安全生产巡查。巡查期间，召开会议 XX 个，列席会议 XX 个；赴 XX 部门 XX 单位、XX 供电所、XX 班组进行检查；与 XX 名领导干部、XX 名管理人员、XX 名一线员工进行了谈话；调阅复制资料 XX 份；发放问卷调查 XX 份；下达立行立改问题 XX 件。

20XX 年 X 月 X 日，公司安委会专题听取并通过了第 X 巡查组关于对国网 XX 公司安全生产巡查情况的报告……要求巡查组立即向 XX 公司反馈巡查意见。XX 公司要高度重视，抓好整改落实……

根据《国网安徽省电力有限公司安全生产巡查工作规定》有关要求及公司安委会会议精神，现将巡查情况反馈如下：

一、对 XX 公司安全生产工作的简要评价

【此部分内容要坚持正面、客观评价，切忌求大、求全，此部分内容不超过 500 字】

……

二、存在的主要问题

【按照巡查报告相应内容撰写。】

三、意见和建议

【按照公司安委会要求，提出有针对性、指导性、可操作性的整改意见和建议。向公司总部所提意见建议不向被巡查单位反馈】

（一）……

（二）……

（三）……

……

【提出整改要求】

XX 公司要按照公司安委会要求，落实安全生产的主体责任，切实抓好整改落实。要高度重视反馈意见，特别是对存在的突出问题，要认真分析研究，制定整改方案，明确整改措施，落实整改责任，切实推进整改。

根据《国网安徽省电力有限公司安全生产巡查工作规定》，请 XX 公司自本次反馈会后 15 个工作日内上报整改方案。公司安委办将适时组织开展监督检查。

附件：XX 公司安全生产巡查发现问题清单（模板）

反馈单位：国网安徽省电力有限公司安全生产第 X 巡查组

反馈时间：XX 年 X 月 X 日

接收单位安委会主任（签字）：

签收时间：XX 年 X 月 X 日

图 3-23　安全生产巡查情况的通报模板

第四章 巡查工作案例

第一节 综合部分案例

案例 1 安全生产决策部署未有效落地

部分单位对上级部署的安全工作重视不够，未按要求编制工作计划、细化分解工作任务，甚至套用上级方案，省公司有关部门闭环跟踪督办不力，未能及时发现纠正问题，一些重要的安全生产决策部署出现“中梗阻”。

典型问题

■ XXX 公司未编制应急能力建设三年行动计划实施方案。省检修公司、XXX 县供电公司缺少安全生产、应急能力建设、网络安全三年行动计划落实痕迹。

■ XXX 公司安全生产专项整治三年行动重点任务清单未根据实际情况进行细化分解，汇总各专业清单时未进行审核，部分内容未有效落地。

■ XXX 公司安全生产专项整治三年行动方案与省公司方案基本一致，内容雷同。未对 202X 年安全生产重点任务进行细化分解，安全责任未得到具体落实。

■ XXX 县分公司迎峰度夏工作部署不细，缺少设备管理、重要客户管理等方面内容。

案例 2 安全部署有断点，决策落实有衰减

国网 XXX 电力及所属部分二级单位未按要求将国家电网公司部分安全生产重要文件下发至基层单位，文件宣贯有断点，部署落实有衰减。直属单位、省管产业单位部分党组织会议未按要求学习安全精神、研究安全问题和部署安全工作。国网 XXX 电力未启用安委会公章及文号，安委会办公室履行职能缺乏有力手段。

典型问题

■国网 XXX 电力未通过公文系统下发《国家电网公司关于印发贯彻落实〈中共中央国务院关于推进安全生产领域改革发展的意见〉实施方案的通知》。

■ XXX 公司仅将《国家电网有限公司关于印发 2020 年安全生产工作意见的通知》等文件流转至安监部门；未将《辛保安同志在公司安全生产专项整治三年行动部署暨 2020 年迎峰度夏电视电话会议上的讲话》流转至建设和营销等部门。

■《国网 XXX 省电力公司省管产业党总支议事规则》《XXX 集团有限公司“三重一大”决策管理办法》《XXX 决策会议议事规则》均未将安全生产有关重要事项纳入研究决策范围。XXX 集团党委理论学习中心组学习记录未见学习贯彻习近平总书记关于安全生产重要论述有关内容。

■《国网 XXX 省电力公司关于印发 2020 年安全工作要点的通知》（XXX 电安监〔2020〕1 号）、《国网 XXX 省电力公司关于印发公司本部安全责任清单的通知》（XXX 电安监〔2020〕39 号）经安委会审议通过，发文使用安监文号，未启用安委会文号。

案例 3　安全生产重要部署跟踪管控机制不健全

国网 XXX 电力在贯彻落实上级安全生产决策部署以及推进年度安全工作重点任务过程中，未建立常态化跟踪督办和管控机制，未能充分掌握各项任务的实施进度，部分任务仅停留在纸面上和口头上，安全生产工作不够深入。

典型问题

■国网 XXX 电力对于本单位印发的贯彻落实《中共中央国务院关于推进安全生产领域改革发展的意见》实施细则和安全生产、应急能力建设行动计划（2019—2020 年）所明确的重点任务，未建立有效的定期跟踪督办机制，对于各项重点任务的实施进度未及时闭环管控。

■收到国网 XXX 电力《关于贯彻落实〈中共中央国务院关于推进安全生产领域改革发展的意见〉实施细则的通知》和安全生产、应急能力建设行动计划（2019—2020 年）后，XXX 市区公司、XXX 公司、XXX 县公司、建设分公司、送变电公司未根据本单位实际情况及时开展重点任务的辨识、细化、分解，未对重点任务进行过程管控；检修分公司细化、分解后的重点任务未明确完成时限，对部分跨年度工作的当年实施成效未有效闭环。

■国网 XXX 电力和建设分公司、送变电公司对于 2020 年度安全工作重点任务未建立定期跟踪督办机制，工作进度未及时有效闭环。

案例 4 安全生产重点任务落实不到位

国网 XXX 电力未统筹推进安全生产、应急能力建设三年行动，安全生产重点工作组织、管控、评估机制不完善，落实执行层层衰减。安全文件批示、流转不规范，基层单位主要负责人对安全生产重点工作重视不足，布置不具体。

典型问题

■国网 XXX 电力未按国家电网一公司要求制定安全生产行动计划（2018—2020 年）、应急能力建设行动计划（2018—2020 年），基层单位未制定相关实施方案。

■国网 XXX 电力及所属单位安委会部分人员对《国家电网公司贯彻落实〈中共中央国务院关于推进安全生产领域改革发展的意见〉实施方案》、安全生产专项整治三年行动等安全生产重点工作开展情况不了解。

■ XXX 集团、XXX 工程公司运维抢修分公司等省管产业单位有关管理人员未掌握《国家电网有限公司关于开展省管产业单位作业现场安全专项治理活动的通知》有关要求，年度安全重点工作无相关落实内容。

■个别基层单位公文流转流程中，主要负责人对重要安全文件只批示“安监部阅处”或“已阅”，未批示具体工作要求，各部门负责人均批示“已阅”。个别基层单位主要领导对《国家电网有限公司 2020 年安全生产工作意见》等重要安全文件未做具体工作安排和要求，部分批阅为“由分管副职阅处”。

案例 5 安全目标制定不合理

部分机构安全责任书签订不全，安全目标设定未结合本单位实际或与工作不符，同层级不同属性单位安全目标完全一致、安全目标“上下一般粗”甚至“上细下粗”等问题较为普遍。

典型问题

■ XXX 省营销服务中心及各部室安全目标含有不发生电网、设备事件等与实际工作不符的内容。

■ XXX 公司和本部各部门、项目管理中心未签订安全责任书。

■送变电公司与基层签订的“不发生五级事件”安全目标低于省公司对送变电公司下达的“不发生六级事件”目标。

■ XXX 公司与 XXX 县公司签订了实际不存在的安全责任书，如机场、高铁以及 220kV 电网设备等。

■ XXX 省检修公司变电检修中心与班组签订的安全生产目标中有“不发生车辆重复性使用”等与安全生产无关的内容。

案例 6

安全目标管理不规范

部分单位安全目标设定偏“宽”，安全目标内容有缺失、与实际不符。个别单位安全目标闭环考核不严，对安全事件考核偏“软”，未落实“党政同责、一岗双责”“三管三必须”要求。

典型问题

■ XXX 高新电业集团有限公司编制的企业安全目标缺少施工机械设备事件和环境污染事件内容，与国家电网公司基建安全管理要求不符。

■ XXX 公司所属经济技术研究所、物资中心为非生产性单位，安全目标中列有不发生省公司查处的特别严重违章条目，与实际不符。所属路灯所安全目标设定了不发生六级及以上电网、设备、质量事件，目标过低。

■“5 · 11”事故后，XXX 省送变电公司绩效管理仅考核输电施工二分公司和安监部，未包含其他专业责任部门。XXX 公司 2018 年 11 月 27 日 XXX 110kV 变电站 2 号主变压器跳闸事件、XXX 公司 2018 年 5 月 16 日 220kV XXX 线跳闸事件考核处理未包含责任单位党委书记。

案例 7

“一岗双责”落实不到位

在干部考核、选拔、任用过程中，未将安全生产业绩作为重要考察内容；个别基层单位安全事件未按照“一岗双责、同奖同罚”的原则进行相应的处罚。

典型问题

■《国网 XXX 省电力有限公司领导人员管理办法》中无安全生产工作业绩条款。

■ 2019 年 5 月 28 日，XXX 公司输电运检室管辖的 110kV XXX Ⅱ 线故障跳闸，考核输电运检室主管罚款 300 元，考核书记罚款 150 元，未做到“一岗双责、同奖同罚”。

案例 8 安全文件和事故通报流转批阅不规范

XXX 市县公司主要领导长期不批阅上级有关安全生产重要文件，对国家电网公司安全事故快报、通报等文件传达学习不规范，重要文件宣贯培训不及时，部分安全事件通报仅在安监部门流转。

典型问题

■国网 XXX 电力市县公司仅通过安监一体化平台传达各类安全事故快报、通报等文件，相关领导对事故通报不批阅，文件的阅办情况无法查证。

■ XXX 公司仅转发“4 · 14”事故快报，安全日活动由各部门自行组织学习，未按要求统一开展专题学习活动。

■国网 XXX 电力未组织本部领导、专业部门对《生产安全事故应急条例》进行宣贯培训。

案例 9 “一票否决”落实不严格，执行有偏差

落实安全生产“一票否决”制度不严格，在评先评优中针对安监部门提供的“未实现年度安全目标、发生严重以上违章的单位和个人证明”，未执行“一票否决”。

典型问题

■ XXX 公司 XXX 中心供电所、XXX 中心供电所、开发区中心供电所安监部证明均未实现 2019 年度安全目标，但三个中心供电所有的客户服务班、综合业务班被县公司工会评为年度先进班组。

案例 10 安全目标分层分级管控不严谨

国网 XXX 电力安全目标管理导向不足，与实际工作存在差异，部分单位安全目标未有效承接上级安全目标，未按专业特点分解制定安全目标，存在缺项、漏项。

典型问题

■ XXX 公司变电检修室未将上级单位 2020 年安全生产目标中涉及外委施工人员人身事故（事件）的管控要求纳入本级安全生产目标。

■ XXX 公司配电运检室照抄上级安全目标（8 个不发生，包括不发生重伤及以上，不发生五级电网、设备事故等）。XXX 公司安全目标未按照公司、车间和班组三级控制，多个部门及班组的安全目标与公司目标一致。XXX 公司城区供电服务中心和所辖 17 个班组安全目标完全一样。

案例 11 安全监督"失守"

施工作业计划管控"不严不实"，属地安全监督缺位；安全监督穿透力不强；相关职能部门履责不力，缺乏协同监督联动机制。

典型问题

■ XXX 公司 2021 年有 31 条无计划施工现象；经系统查询，未见 XXX 县大剧院供电工程 XXX 建设公司 2020 年 6 月份土建作业计划；未见 XXX 中学外线电源工程 XXX 电力建设公司、XXX 公司 2020 年 7 月的施工作业计划；未见 XXX 中学内部供电工程 XXX 公司 2020 年 7 月的施工作业计划。

■ XXX 公司对国网 106 号文件和要求传达不及时、不全面，存在以会议宣贯会议，以文件传达文件的现象，近阶段连续被省市公司通报严重违章的情况下，对于违章问题整改的力度和成效不明显，违章整改仅停留在开会教育、违章处罚和强化要求上，公司领导班子层面对如何改进管理机制等根源问题没有研究落实具体改进措施。

■ XXX 公司发建部（大建办成员）对政府迁改工程施工进度管控存在盲点，定期召开的大建设调度会和项目推进例会未能及时跟踪掌握 XXX 项目实施进度；运维检修部对政府迁改工程作业计划管理存在疏漏，安监部对省管产业单位安全监督不到位，相关管理制度及违章通报下发后，未能跟踪督办基层执行情况。

■未发挥属地供电所协同安全监督作用，针对 2 月 28 日发现的可能存在无计划作业现场，未能认真核实情况并及时制止，未及时向上级主管部门汇报，放任分包单位违章作业，安全监督意识差、责任心不强。

第二节 安监部分案例

案例 1 安全规章制度管理不完善

国网 XXX 电力部分单位未定期梳理、发布安全生产规章制度清单，未及时修订、编制有关规章制度，贯彻国家电网公司安全奖惩、风险公示等制度不到位。个别单位现场运行规程编、审、批不规范。

典型问题

■ XXX 省建设分公司未发布安全生产规章制度清单，未按要求建立本单位安委会工作制度，未规范安委会会议、专项报告、行文等工作流程。

■ XXX 省送变电公司现行使用的安全奖惩文件，引用的是国网 XXX 电力 2019 年“安全工作奖惩实施意见”（XXX 电公司安监〔2019〕16 号），此文件已根据《国家电网有限公司安全工作奖惩规定》（国家电网企管〔2020〕40 号）进行了修订，对奖罚内容进行了调整和明确，省送变电公司未同步修订。

■ XXX 省送变电公司未按照《国网安委办关于开展作业风险公示的通知》（国网安委办〔2020〕6 号）有关要求每周进行作业风险公示。作业现场抽查问询班组骨干、劳务分包人员当天的作业风险、安全措施，叙述不全面。

■国网 XXX 电力集管办未对现场督查发现的问题形成闭环管理，只是公布了问题清单，且未对现场严重违章进行考核。

■省检修公司 XXX 分部使用的现场运行规程未履行编、审、批手续。

案例 2 各类安全生产例会召开不规范

国网 XXX 电力安全生产专委会运作不到位，部分单位安委会、安全生产分析会等安全例会召开不及时、不规范。安委会内容针对性不强，没有分析本单位重大安全风险，没有研究解决安全重大问题。

典型问题

■国网 XXX 电力安全生产专业委员会未实际运作。

■国网 XXX 电力本部及各级基层单位均未按日召开安全生产早会。

■检修公司、输电检修公司、送变电公司 2020 年安委会未研究分析本单位重大安全隐患和安全风险等内容。

■ XXX 公司 2019 年 10 月召开的安委会与当月月度工作例会合并召开。

■ XXX 公司、XXX 县公司未按要求每季度召开安委会。

■各级安委会和安全生产分析会议纪要未通过协同办公系统下发，部分基层单位安全例会存在无签到表或人员代签等问题。

案例 3　安全责任清单编制、发布、培训等流于形式

国网 XXX 电力安全责任清单未覆盖全员、全业务，存在照搬照抄、与实际工作不符、不能全面覆盖机构和岗位安全责任，安全监督部门对安全责任清单监督检查不全面，专业管理部门对业务范围内安全责任清单执行情况督导检查不到位，个别单位未组织安全责任清单培训，个别员工不掌握本组织和本岗位安全责任。

典型问题

■ XXX 电力建设有限公司未按照国家电网公司最新的安全责任清单典型模板修订、审核。省信通分公司部分班组安全责任清单不能覆盖全部机构和岗位安全责任。

■国网 XXX 电力后勤部未按照安全责任清单要求，每月（每季）分析本专业安全生产情况；省送变电公司第三分公司经理兼书记未按安全责任清单要求，每周检查现场作业不少于 1 次。

■ XXX 公司营销部、配电工区，XXX 投资集团有限公司等部门、单位未开展安全责任清单培训；XXX 公司未能提供安全责任清单安委会审议文件和员工培训记录；部分基层员工对本岗位安全责任清单内容不熟悉。

案例 4　安全责任清单修订及“四结合”存在不足

国网 XXX 电力及所属部分单位对安全责任清单管理不够重视，修订工作不满足“四结合”要求，领导干部安全述职效果不好，重要文件签批和安全例行会议组织不规范，安全生产责任落实工作不细不深。

典型问题

■国网 XXX 电力及建设分公司、送变电公司等部分所属单位安全责任清单未正式发文。通过调查问卷、访谈和现场询问反映，部分人员对本岗位的安全责任描述不全、理解不到位、履责意识不强。

■国网 XXX 电力及所属单位个别安委会成员对于安全述职工作的本意理解不到位，述职报告中存在用工作总结代替履责情况、用单位存在薄弱环节代替履责问题、用工作计划代替履责补强措施等情况。

■在收到国网安监部印发的部分事故调查报告、安全日活动、“说清楚”会议纪要等文件后，市区公司负责人仅签批“已阅”，未提出事件教训学习和落实整改措施相关的工作要求。送变电公司主要负责人未主持 2020 年第 2 次安委会、专题安委会。

■建设分公司安全责任清单中未明确检验检测设备、工器具管理等安全责任。XXX 公司分管生产副总经理的清单中包括专业特种设备等管理职责，但

在其运检部主任职责中未具体承接。检修公司项目管理中心未将业主项目部各岗位人员安全责任纳入本单位清单发文范畴。

■ XXX 县公司与 XXX 县分公司对于辖区供电所的安全管理责任界面不合理，所属供电所所长担任 XXX 县分公司驻点负责人。

案例 5 安全事件“四不放过”执行不严格

国网 XXX 电力及所属部分单位未能有效落实“四不放过”要求，对于个别安全事件的处理不及时，责任追溯不严格，事件分析报告编制不规范，“四不放过”具体执行环节存在偏差，事件后续的安全警示和教训作用不够明显。

典型问题

■ 2019 年 5 月 6 日 500kV XXX 发生五级电网事件，XXX 检修分公司直到 2020 年 3 月才落实责任人员考核措施。

■检修分公司对于 2020 年 1 月 29 日 500kV XXX 500kV Ⅰ母因 2 号母差失灵保护装置差动保护动作跳闸的 7 级电网事件，仅追究厂家设备质量安全责任，未分析考核专业安全管理责任。2019 年电网先锋党支部、先进工作者评比中将 500kV XXX 变电站、XXX 变电站安全事件涉及的责任部门运检部党支部、超高压运维分部管理人员评为先进。

■ XXX 公司 2019 年 7 月 20 日 110kV XXX 变电站事件仅编制事件分析报告，未出具正式调查报告。

案例 6 应急预案修编、评审、报备、发布、演练管理工作不到位

部分单位应急工作责任不明确，应急预案体系不健全，预案修订、报备不及时，预案评估不规范，专业管 8 理部门对下级缺乏系统性的监督检查和指导。

典型问题

■ XXX 省送变电公司、XXX 集团等单位未按时开展新一轮应急预案修订，省检修公司、超高压电力建设公司、XXX 县公司未组织应急预案内、外部评审，XXX 县公司、XXX 县公司现场处置方案不全。

■ XXX 电力建设公司无总体应急预案、防地震灾害应急处置方案。XX 110kV 变电站新建工程未编制防止物体打击现场应急处置方案。

■ XXX 县公司应急演练缺少评估报告和整改等材料，直接采用地市公司应急演练计划，部分内容无法结合实际落地。

■ XXX 公司未将应急预案培训列入年度教育培训计划中，送变电公司应急演练内容单一，演练效果不显著。

案例 7　安全奖惩未有效发挥激励和震慑作用

国网 XXX 电力大量安全奖励基金以安全目标奖等形式平均发放至所有员工，奖金发放“大锅饭”倾向明显。安全处罚机制设置不合理，处罚力度普遍不足。

典型问题

■国网 XXX 电力全年安全专项奖有 92% 按人均定额进行平均发放，对做出重要安全贡献的事项奖励占比较小，不能有效起到正向激励作用。

■ XXX 市电力建设有限公司未按 XXX 公司《安全工作奖惩实施办法》设立安全生产专项奖，无安全生产专项奖励发放记录。

■国网 XXX 电力安全专项奖惩基金处罚事项由各基层单位自行提出，2019 年仅有 XXX、XXX、XXX、XXX、XXX、输电检修公司等 6 家单位取消奖励 57 万元，剩余 23 家单位全年无任何处罚事项。

■国网 XXX 电力 2018、2019 年安全事件责任单位以及被“安全约谈”和“说清楚”的单位，均未在安全专项奖中落实处罚。

案例 8　安全监督管理工作不到位、不规范

国网 XXX 电力及所属部分单位安全规章制度清单管理不规范，“安措”计划安排不严谨，倒闸操作降低安全管控要求，专业部门反违章、安全检查工作主体责任未得到有效落实。

典型问题

■ XXX 省建设公司未每年发布“本单位现行有效的现场规程制度清单”，XXX 市 XXX 发展有限公司发布的安全制度清单未涵盖国家层面法律法规。

■协同办公系统未见国网 XXX 电力 2018、2019 年安全技术劳动保护措施计划，省检修分公司 2019 年度安全技术劳动保护措施计划。

■抽查 1000kV XXX 变电站、500kV XXX 变电站倒闸操作录音，存在执行人复诵不完整、未录音等问题，不符合国家电网公司变电“五通”管理要求。

■国网 XXX 电力营销部、设备部、建设部未建立专业反违章管理档案，未定期对专业反违章管理进行分析和管控。XXX 公司运检部对现场查处违章未考核。XXX 集团有限公司、XXX 市 XXX 发展有限公司查禁通报的违章无反馈、无处罚考核意见，未进行统计分析。

案例 9 安全总监配备不全，安全监督支撑保障不足

国网 XXX 电力个别基层单位对安全总监的选用配置重视不够，部分安全总监人岗适配度不高，有的配置不及时，不能充分发挥作用。部分单位安全监督机构未设置。安全督查中心建设未到位，人员流动性大，队伍不稳定。电科院对安全管理研究、评价分析支撑不足。

典型问题

■ XXX 公司、XXX 公司、XXX 公司未制定安全总监岗位安全责任清单。XXX 公司、XXX 公司安全总监空缺未及时补充。XXX 集团未依据国网 XXX 电力文件要求设置安全总监。

■ XXX 分公司现有员工 142 人（未含供电服务员工 428 人），未设置独立的安全监督机构。

■省、地、县三级安全督查中心建设不到位，多家单位办公场地不满足要求，未挂牌运作，人员不固定。

■按照国家电网公司安全生产领域改革发展意见的要求，应在省级电科院设立安全支撑机构，国网 XXX 电力未见有关落实文件。

案例 10 生产作业安全风险管控不规范、不到位

国网 XXX 电力及所属部分单位未严格执行国家电网公司风险定级标准，生产作业风险预警发布流程不规范，个别施工作业风险预警签批手续不全，安全风险管控工作督查会议制度执行不规范，一线人员对施工安全风险管控意识不强，个别高风险作业方案编制、执行存在“两张皮”现象。

典型问题

■ XXX 公司等 3 个单位将三级作业风险定级为一、二级作业风险；省送变电公司 XX ~ XX 220kV 线路工程现场公示风险等级与实际作业风险不一致；XXX 线开断接入 XXX 变 220kV 线路工程当日计划为二级风险地面组装，实际为三级风险吊车组塔。

■国网 XXX 电力生产作业风险预警通知单未使用《国家电网有限公司作业安全风险预警管控工作规范（试行）》要求的统一格式，缺失作业班组、作业内容、风险分析、预警时间、现场勘察记录、“三措”、工作票、危险点分析和控制等内容，未明确编制、审核、签发、到岗到位等人员。

■ XXX 公司周安全风险管控工作督查会议，只针对五级电网风险和四级作业风险开展会商和审查，未按照规定对六级电网风险和三级作业风险进行会商和审查。

■输变电工程施工安全风险预警通知单（四级）供电建设第（2020-03）编制、签发未签字。省送变电公司第二送电分公司 2 项四级风险作业［XXX 电建设第（2020）001 号、XXX 供电建设第 (2020)002 号］现场勘察、方案编制时间与实际作业时间间隔 7 个月，方案内作业计划时间和实际停电时间不一致。

案例 11　隐患排查治理工作不闭环、不彻底

国网 XXX 电力隐患排查治理机制运转不畅，存在专业内部“自转”现象，个别重大隐患未挂牌督查，设备隐患排查治理未实现管理闭环，部分重要客户用电隐患未按规定及时报备。

典型问题

■截至 2020 年 6 月 22 日，国网 XXX 电力后勤部累计排查小型基建建设等六类后勤专业隐患 854 项，该数据与安全隐患管理信息系统内后勤专业隐患数据不一致。PMS 系统内 XXX 1000kV XXX 变电站、500kV XXX 变电站隐患与安监一体化平台安全隐患数据不一致。XXX 集团有限公司统计的产业类隐患数据与安监一体化平台安全隐患数据不一致。

■省检修分公司 2018 年三项重大安全隐患，仅有 1 项重大隐患有国网 XXX 电力《安全监督通知单》[2018 年（督）第 2 号]、《安全管理问题整改反馈单》。

■国网 XXX 电力特高压和跨区输变电设备缺陷隐患排查治理工作排查发现设备隐患 12 项，其中 2 项无评估、整改过程记录。

■ XXX 公司没有按照国家电网公司重要用户管理要求，每季度向政府部门报备用电安全隐患。XXX 公司 2020 年 14 户高危及重要用户存在单电源供电隐患，未向政府部门报备。

案例 12　警示教育不深入，专题活动质量评价缺失

部分班组安全日活动质量不高，基层单位安全警示教育和违章培训缺少记录及对活动质量的评价；业务外包施工单位事故（事件）警示教育及违章分析掌握不充分，回答不完整。

典型问题

■ XXX 公司调控中心 2020 年班组安全日活动质量均未进行检查评价；输电中心安全警示教育记录不齐全，“7 · 2”事故未见培训学习记录。

■ XXX 公司安全日活动质量不高，如“4 · 20”活动未针对事故通报的问

题进行认真深入分析，未提出针对性的防范措施，警示教育效果不佳。

■ XXX 公司考问外包施工队 XXX 集团有限公司现场工作负责人对 2019~2020 年公司系统发生的人身事故原因不清楚，2020 年“4·14”“5·11”“7·2”事故原因及暴露问题回答不完整。

案例 13 事故教训吸取不深刻，重复性事件时有发生

XXX 公司未深刻吸取 2016 年“6·18”330kV XXX 变主变压器烧损事故教训，未举一反三，对安全隐患排查不深入，直流技术监督缺失，直流专业管理弱化，蓄电池维护不到位，反事故措施落实不到位，备自投装置管理不善，安全分析不透彻，变电站全停事件重复发生。

典型问题

■ 2020 年“3·5”110kV XXX 线故障，原因是未严格按周期开展蓄电池核对性充放电试验，蓄电池容量亏损，全站直流失去，备自投无法动作致使 110kV 新筑变全停，六级电网事件。

■ 2020 年“3·22”110kV XXX 线再次故障，10kV 备自投成功，110kV 备自投因压板未投拒动，导致 110kV 和谐变失压，七级电网事件。

■ 2016 年“6·18”后未排查出 110kV 新筑变电站两路站用电均来自于本站、由 1 条 110kV 线路供电的隐患。

■ 2020 年“3·22”后 XXX 公司查明，51 个站到周期、6 个站超周期未开展蓄电池核对性充放电试验，未落实《十八项反措》要求。

案例 14 反违章力度不足，违章问题暴露不充分

国网 XXX 电力反违章工作多以安监部及稽查队为主，保证体系的反违章力度不够。部分单位违章考核兑现滞后，对处罚情况是否闭环未督办。地市公司级单位发现违章问题不充分，与省公司查处的违章存在“倒挂”现象。

典型问题

■各级专业管理部门“现场到位”评价结果多为“现场较为规范”，个别严重违章的处理是“现场整改、批评教育”。XXX 公司在 2020 年上半年违章考核中，保证体系到岗到位人员未能履责被安全监督部门问责的违章人次占比 15%。

■未见国网 XXX 电力设备部 2020 年反违章通报记录。

■ XXX 公司违章罚款采取设立财务账号，违章人员主动向账号交款的方

式，截至2020年6月尚有大量2019年经济处罚未缴纳，考核兑现滞后，不缴纳罚金的现象时有发生。

■ XXX送变电公司对外包单位的违章处罚未闭环。抽查XXX公司2020年违章台账，存在将违反“十不干”的行为定性为一般违章的情况，仅通报批评。

■ 2019年省地两级督察队共查处XXX公司违章48起，其中省公司查处18起，占比38%，地市公司级单位反违章力度不够。

案例15　安全工器具及特种设备管理不规范

安全工器具使用管理职责不明晰，定期检查维护不到位。一线班组安全工器具管理松散，存在随意领用、堆放混乱、不定期送检、编号不规范、存放环境不符合要求等问题。特种设备存在账物不符、未办理使用登记、使用未经检验的设备等问题。

典型问题

■ XXX公司XXX供电所、XXX供电所安全工器具、施工工器具均无定期检查记录。

■ XXX市电力建设有限公司安全工器具台账中8支验电器无相关送检试验报告。

■输电检修公司工器具台账未及时更新，部分带电工器具未粘贴试验合格标识。

■ XXX公司输电运检室、35kV XXX变电站安全工器具堆放混乱，安全工器具柜没有温湿度控制功能；XXX供电所多个安全工器具编号不唯一，领用记录填写不全。

■ XXX公司特种设备及特种作业人员信息不准确，一台在用叉车无检验合格证，两台停用叉车未采取有效封存措施，且启动钥匙插在钥匙孔内。

■省检修公司提供特种设备台账中，一辆叉车尚未办理特种设备使用登记证，台账备注为在用状态。

案例 16

同质化安全管理有待提升

安全责任清单宣贯落实不彻底，管理人员不了解岗位职责，“两票”培训效果欠佳，多处现场出现工作票种使用错误问题。

典型问题

■ XXX 公司安监部、工程技术部 2 名专责，输电分公司与配电分公司 3 名班组长不清楚本岗位安全责任清单。

■ XXX 公司承揽用户工程 XXX 二期 35kV 线路工程，现场在带电线路下方开展电缆敷设、吊装、试验工作，应使用输电第二种工作票，现场错误使用安全措施卡。

■ XXX 分公司 10kV 申 XXX 07 线在生产区域外立杆、架线工作，应使用配电网工程施工作业票，现场错误使用安全措施卡。

案例 17

安全管理“失职”

施工总承包单位对基层反映的无计划施工现象充耳不闻，无计划严重违章屡禁不止；工程管理制度不健全，项目管理粗放；复工复产工作布置虎头蛇尾，对复工复产“五项基本条件”审核把关不严；未能严格执行分包商承揽工程量与综合量化排名挂钩机制；未将劳务分包人员纳入施工总承包单位统一培训管理；工器具及材料一次性发放，缺乏过程管理。

典型问题

■ 2021 年 5 月，XXX 公司接到属地单位（XXX 供电所）反映该分包单位两次无计划作业情况未能采取有效措施，未立即对该单位违章行为进行处置和安全教育；XXX 公司 2021 年发生的“1 · 16”（分包单位 /XXX 科技）、“4 · 16”（分包单位 /XXX 电力建设）、“5 · 12”（分包单位 /XXX 电力建设）、“5 · 17”（自行施工 / 工程一队）四起无计划作业严重违章，仍未吸取教训，无计划作业屡禁不止。

■ XXX 公司工程管理办法为 2019 年修订版，其中关于物资管理、分包管理、安全管理等内容大而空，责任不明确，可操作性不强，且未对作业计划管理做出相应规定。

■复工报审资料以单项工作现场勘察记录代替复工前工程整体复勘；施工机具及安全工器具由劳务分包单位 XXX 公司自行检查，非施工总承包单位 XXX 分公司组织开展；辅工刘 XX、吉 XX 两人，未找到任何培训记录，经核查确认此二人 2022 年已离队，仍混淆在复工报审资料中；未看到吊车驾驶员马 XX 的教育培训记录。

■未见 XXX 公司对分包单位分类综合量化评价细则，查阅 2021 年 1 月 ~2022 年 1 月期间对土建专业分包和电气劳务分包单位的月度综合量化评价结果，未开展年度汇总排序，未将评价结果应用于项目招投标或框架匹配。

■XXX 公司将施工机具及安全工器具于 2021 年 4 月 16 日一次性发放给分包单位 XXX 公司，于 2022 年 1 月 19 日节前停工后集中收回。工程建设材料领用、出入库管理混乱，向劳务分包队伍一次性发放工程物资，缺乏过程管理。

■ XXX 公司组织开展的安全教育培训仅涵盖自有人员，周安全活动会参会人员未涵盖 XXX 公司施工人员，未将劳务分包队伍人员纳入统一培训管理。

案例 18　反违章管理不严格

违章处罚工作不严肃，罚款记分较随意；未建立违章单位和个人违章记分档案，“两个名单”应用不足；安全督查中心运转成效不足，违章发现不及时；违章学习不到位，反思不深刻；外包队伍未组织关键安全文件学习，安全学习流于形式，存在“干的人不学”现象。

典型问题

■ 2020 年 10 月 21 日违章整改通知书，定性为“严重违章”，违约处罚 1500 元，未记分。

■ 2020 年 4 月 8 日违章整改通知书，定性为“严重违章”，未进行罚款及违章扣分，仅有停工、约谈事项。

■ 2020 年 4 月 30 日违章整改通知书，定性为“特别严重违章”，违约处罚 2000 元，违章记分 2 分。

■ 2021 年和 2022 年，XXX 公司未建立违章单位和人员违章记分档案，未动态统计违章记分，“两个名单”制度应用不足。

■安全督查中心履责能力不强，违章发现质量不高。2022 年 1~5 月，XXX 公司自查严重违章 5 起，低于县公司自查平均值（每家县公司平均 6.3 起）；XXX 公司查处 XXX 公司严重违章 6 起，高于 XXX 公司查处平均值（每家县公司平均 5.3 起）。

■ 2022 年 4 月 15 日、4 月 17 日，XXX 供电所被 XXX 公司和 XXX 公司查处 2 起严重违章，未见违章学习记录。2022 年 4 月 14 日和 4 月 26 日，外包队伍 XXX 公司被 XXX 公司和 XXX 公司查处 2 起严重违章，未见违章学习记录。2022 年 4 月 12 日、5 月 10 日，XXX 公司被 XXX 公司查处 2 起严重违章，未见违章学习记录。

案例 19

反违章管理“避重就轻”

严重违章降级为一般违章下发整改通知单；保证体系到岗到位履职不力，发现严重违章数量少；严重违章原因分析不彻底，整改措施不到位，未建立自有人员、分包单位及人员违章计分档案。

典型问题

■ 2021 年 9 月 9 日，工作负责人关 XX 在 XXX 公司安管中心稽查记录中发现三项违章：一是杆上作业人员下杆过程中失去安全保护；二是作业点未设置安全围栏；三是接地线装设不牢靠，但只对挂接地线不牢靠一项问题下发违章整改通知单。

■农网专项办 2021 年全年仅查处并闭环 3 起严重违章；XXX 公司保证体系到岗到位发现的一般违章，仅在风控平台 App 中做记录并口头通知现场立行立改，未能下发书面的违章整改通知单并分析违章原因，保证体系反违章力度不足。

■ XXX 公司 2021 年“5 · 11”“5 · 12”“6 · 23”三起违章仅对自有工作负责人实施经济处罚，要求分包单位开展整改分析并在公司安全例会上说清楚，但是未对其实施经济处罚并违章计分；且未建立自有人员、分包单位及人员违章计分档案。

案例 20

安全责任清单修订、培训、掌握不到位

对上级文件要求组织落实不到位，业主项目部安全职责未明确，未建立全员岗位安全责任清单；安全责任清单岗位覆盖面不全，新建、改建机构修订不及时；清单培训不到位，部分人员对本岗位安全责任清单不熟悉。

典型问题

■ 2022 年安全责任清单覆盖面不全，不满足“一岗位一清单”要求，发展建设部（物资供应分中心）缺少仓储配送班一班、班长、班员安全责任清单；调控运行班、信息通信班、客户服务班无安全员安全责任清单；安全监察部（保卫部）缺少安全督查中心安全责任清单。

■ XXX 公司 2020 年安全责任清单中安全职责未包含事件管理，交通、消防安全职责；XXX 公司经理安全责任清单安全职责未包含交通、消防安全职责。

■问卷调查 XXX 公司安装一队、XXX 供电所、现场考问变电检修班员工，部分人员不完全清楚本岗位安全责任清单内容。

■业主项目部成立文件中对项目经理、安全员等人的安全职责未明确。

■专项办人员无相应岗位安全责任清单。

■ 2021 年农网工程 10kV 项目业主项目部成立文件未执行省公司最新文件要求（设备工作〔2019〕63 号），仍执行 XXX 电农改〔2016〕3 号。

■ XXX 公司城配网业主项目部成立文件未正式行文发布。

案例 21 安全基础管理不扎实

安委会、专题安全日活动、班组安全活动、安全生产专项活动、安全生产专项奖、问题排查等安全例行常态工作开展不到位，针对性不强，成效不显；事件管理不规范，“四不放过”要求执行不到位。

典型问题

■ XXX 公司安委会会议召开不规范。2022 年一季度安委会会议纪要未行文印发，会议记录不规范，议程和内容不满足要求。

■专题日活动开展不规范。电能计量班、XXX 公司电缆班缺少 3 次专题安全活动记录（2022 年 4 月）；安全活动发现问题未闭环管理。XXX 供电所 2022 年春检排查中的问题未按计划完成整改。

■安全专项奖励管理不到位。XXX 公司 2021 年度安全专项奖励兑现情况未在安委会上进行审议；XXX 公司安全奖兑现不规范。

■事故（事件）管理不规范。2021 年 10 月 22 日 220kV XXX 变电站 XXX 110kV 621 线路鸟害故障跳闸，XXX 公司（线路运维单位）未开展事故（事件）调查分析，未落实对责任人的考核和教育（未建立“一事一档”）。

案例 22 施工项目部安全监管流于形式

部分外包单位施工项目部硬件投入不足，人员配置不到位，施工机具及安全工器具不满足要求，日常培训教育流于形式。

典型问题

■ XXX 公司外包单位 XXX 公司 2020 年至今承揽农网工程 37 项，施工费用 550 万元左右。配网施工项目部项目经理丁 XX 现场未到位，未按职责要求开展复工准备工作，日常管理缺失。施工项目部管理人员不足 5 人，自有技工仅为 2 人，未达到配网工程项目部标准化管理手册最低标准。

■ XXX 公司外包单位 XXX 公司 2021 年 XXX 地区施工项目部与 XXX 地区施工项目部经理、安全员兼任，施工人员混用，人员划分不明确。

■ XXX 公司外包单位 XXX 公司施工项目部仅配置一支 10kV 验电器，验电器未做启动电压试验，安全带后备保护绳、紧线器、链条葫芦未做试验。XXX 公司施工项目部无安全工器具、施工机具检查记录。

■ XXX 公司外包单位 XXX 公司安全员、工作负责人不清楚“4·14”“5·11”等事故案例情况。

■ 2020 年 XXX 10kV XXX 镇 XXX 村 XXX 台区改造工程实施过程中，2020 年 10 月 15 日停电作业使用个人保安线替代低压接地线。

■ 2020 年 XXX 台区改造工程实施过程中存在工作票记录的接地线装设时间逻辑错误问题，高低压同杆线路高压接地线装设时间早于低压接地线。

■ 2020 年 3 月 29 日督查 XXX 区改造工程立杆、组装金具及放紧线现场，存在登高作业无人扶梯等违章。

案例 23　监理项目部履职监管不力

监理项目部无成立文件，监理人员存在虚假到岗现象，工程日常管理资料缺失，现场发现问题跟踪闭环整改不到位，配网工程“三措一案”审批把关不严。业务主管部门及业主项目部过程管理缺失，保证体系日常安全工作开展不到位，反违章主体作用不明显，部分违章处罚未及时闭环，未按要求开展监理项目部履责评价。

典型问题

■ 2020 年 11 月 10 日，XXX 公司两项农网工程作业计划相距 11km。监理到岗到位人员 XXX 有限公司肖某 8 点 45 分和 8 点 47 分到达两地进行现场许可。

■ XXX 工程有限公司无 2021 年监理项目部成立文件，各管理人员职责划分不明确，个别监理员无电力建设监理业务培训记录。

■ XXX 公司 2019 年 XXX 台区改造工程，监理单位 XXX 在项目验收过程中记录的拉线未安装警示套管、电杆未安装防撞贴等问题，下发问题整改通知单，但未看到施工单位反馈的整改资料，监理单位未及时跟踪问题整改闭环情况。

■ XXX 区 10kV XXX 08 线 XXX #1 台区改造工程等项目“三措一案”套用技术标准，无针对性内容，监理单位仍签字通过。

■ XXX 公司专项办人员近三年统计安全督查和到岗到位监督 411 人次，仅查处 2 个一般性违章。

■ XXX 公司专项办 2020 年未按省公司安监部文件要求开展监理项目部履责评价。

■ XXX 公司专项办 2020 年 10 月 21 日查处外包单位严重及以上违章，违章处罚未闭环。

■ XXX 公司业主项目部 2020 年安全责任清单未正式发文。

■ XXX 公司业主项目部 2020 年未开展“两票”评价工作。

第三节　运检部分案例

案例 1

设备运检职责落实不到位

部分运维单位线路巡视频率不足，不能及时发现风险隐患。现场风险评估不准，安全管控措施不到位，交跨点弧垂监测等季节性技术监督工作未落实，责任性外力破坏事件重复发生，针对外力破坏故障突出问题未组织专题分析并制定有效整改措施。

典型问题

■ XXX 公司 2019 年 110kV 及以上线路发生故障跳闸 29 次，其中外力破坏类故障 10 次，XXX 公司未针对线路外力破坏问题开展专题分析，采取有效措施。

■ XXX 公司输电运检室 2020 年 7 月 6 日发现 220kV XX 线边线旁大型吊车进行库房建设的外力破坏隐患，现场核实暂时符合安全距离并进行危险点告知后，未安排专人现场管控，无法保障施工期间吊车臂都能与导线保持足够安全距离。

■ XXX 公司输电运检室 2020 年 7 月 5 日发现 110kV XXX 城线 #22 门型拉线耐张塔向内角侧发生倾斜，现场测量杆塔倾斜情况未超过安全范围后按正常流程上报杆塔改造计划，没有安全专人定期测量、跟踪杆塔倾斜程度变化情况，无法保证在倾斜情况加速恶化时第一时间采取应急抢修措施。

案例 2

运检安全风险管控不到位

国网 XXX 电力电网运行风险预警评估机制落实不到位，年度运行方式报告遗漏重点电网运行风险分析。局部电网方式运行薄弱，检修方式下存在高等级风险。专业部门到岗到位工作未实行痕迹化管理。部分基层单位风控措施落实不到位。

典型问题

■国网 XXX 电力 2019 年年度运行方式报告未包含 3 项三级电网运行风险分析与防范措施。

■XXX 公司 XXX 田变 220kV 母线分配方式不合理，检修方式下发生 N-1 故障将造成 8 个市县电网大面积停电，构成三级电网事件。

■国网 XXX 电力设备部未提供 2020 年以来五级及以上电网运行风险预警管控到岗到位记录和发现问题记录。

■ XXX 公司输电运检室 2020 年第 013 号预警通知单（五级）、2020 年第 120 号预警通知（六级），PMS 系统中测温等巡视记录不全。

案例 3 设备运维精益化管理存在差距

部分单位运维管理不到位，设备检试超期、反事故措施落实不力、运维记录缺失、老旧设备改造进展缓慢等问题突出，设备安全运行风险高。

典型问题

■ XXX 省检修公司 141 台新设备首检超期，756 台设备 C 检超期。XXX 公司部分电缆接头井接地电阻未按周期开展检测。XXX 公司 XXX 110kV 变电站 GIS 设备上次检修时间为 2013 年，已超过 6 年的检修周期要求。

■ XXX 公司 XXX 500kV 变电站 220kV 送出线路工程跨越 XXX 大道塔未进行绝缘子单改双、XXX—XXX 220kV 双回线路工程合成绝缘子串不满足反措要求。

■国网 XXX 电力及所属单位反措及隐患治理进度偏慢，53 台 110kV 主变压器抗短路能力不足问题未解决，XXX 公司 35kV XXX 线投运超过 40 年，导线损伤、散股严重，跳闸频繁，XXX 县公司 XXX 下 35kV 变电站投运超过 40 年的 1 号主变压器为铝线圈薄绝缘变压器，且峰季为重过载状态，至今未立项整改。XXX 公司 XXX 路、XXX 路隧道 10kV 电缆迁出或更换未按计划完成，XXX 路隧道内 10kV 电缆隐患治理未落实项目。

■ XXX 县公司部分设备运维信息记录缺失，缺少 XXX 110kV 变电站接地网试验时间、110kV XXX 线 002 号杆缺陷发现及处理过程等相关信息。

案例 4 反事故措施计划执行不规范、不彻底

国网 XXX 电力在线路设计中对周边环境调查不足，设备选型、绝缘裕度考虑不充分，不符合当地运行环境要求，线路抵御极端气象能力较差。运维管理部门在工程前期介入不足，在路径规划、设备选型等方面指导发挥不充分。反措治理不彻底、计划落实不到位。

典型问题

■ 550kV XXX—二线前期工作不到位，绝缘子选型不合理，2019 年底投运后，连续发生湿雪闪络跳闸 9 条次，造成五级电网事件。

■国网 XXX 电力运维管理隐患排查力度不够，技防措施落实不到位，2018~2020 年上半年线路跳闸率偏高，全省累计发生雷击故障 71 次，外力破坏 33 次，山火 28 次，冰害 18 次，风偏 9 次。

■ 500kV XXX 一线、XXX 一二线、XXX 一二线等输电线路抗冰反措治理落实不到位，频发覆冰舞动、脱冰跳闸等故障。

■ 500kV XXX-XXX-XXX 通道是山火高发区，未落实通道视频监控、基础周边硬化、开辟防火隔离带等反事故措施。

■ XXX 公司“2020 年 110kV XXX II 回全线地线大修，110kV XXX 线全线直线塔轮换绝缘子”等两项反措计划均未按计划完成。

案例 5　安全投入有欠缺，核心班组力量不足

XXX 公司二次保护、电缆运检等核心班组人员配置不到位情况矛盾突出。部分单位安全费用投入不足，专项奖励提取不满足要求。

典型问题

■ XXX 公司二次保护班定编 83 人，到位 64 人，缺员率 23%，近三年内将退休 8 人，被借调 5 人；高压电缆运检中心定编 70 人，到位 45 人，缺员率 36%，近三年内将退休 3 人，被借调 6 人。

■ XXX 公司继电保护班定编 18 人，到位 14 人，缺员率 22%；站用交直流班定编 12 人，到位 8 人，缺员率 33%；变电检修班定编 17 人，到位 15 人，缺员率 12%，近三年内将退休 4 人。变电运维中心定编 144 人，到位 95 人，缺员率 34%，近三年内将退休 10 人。

■ XXX 公司 2018、2019 年安全投入占比分别为上年度实际销售收入的 0.15%、0.17%，不满足 0.25% 的投入要求；XXX 公司 2018、2019 年安全生产专项奖占比分别为上年度工资总额的 0.63%、1.09%，不满足 1.5% 的提取要求。

案例 6　安全工器具管理不规范

部分基层单位安全工器具管理要求落实不到位，安全工器具保管、使用、检查存在不足，安全工器具室环境较差。

典型问题

■ XXX 公司 XXX 110kV 变电站新建工程总配电房绝缘手套、绝缘靴破损严重。XXX 县公司 XXX 中心所无安全工器具室。XXX 公司 XXX 供电服务部 XXX 供电所安全工器具柜温湿度控制器损坏。

■ XXX 公司配电抢修中心安全工器具缺失，安全工器具台账中显示配置 6 只绝缘手套，现场只有 2 只绝缘手套；台账中配置 6 支 400V 验电器，现场只有 2 支 400V 验电器；台账中 2 支 10kV 验电器有 1 支于 2021 年 1 月份试验不合格，至今未补发齐全。

案例 7 防误操作管理不到位

防误操作管理机制不健全，制度文件套用模板，防误装置年度检修存在疏漏。

典型问题

■ XXX 公司《变电运检中心紧急解锁钥匙使用管理规定》未明确紧急解锁钥匙的使用申请、解锁、退出运行审批机制。

■ XXX 公司 220kV XXX 变电站、110kV XXX 变电站微机防误闭锁装置已检修完成并投运，未见微机五防逻辑验收相关记录、上级管理部门批准记录。

■ XXX 县公司《XXX 供电公司防止电气误操作管理规定》《关于进一步强化变电检修现场防误操作管控措施的通知》可操作性较差，套用模板现象严重。文件中出现“根据 XXX 地区电力系统调度规程”“安全运检部”等内容。

案例 8 输变电工程专业分包管理较为混乱

“四不两直”督查发现，基建工程专业分包承发包双方安全责任界面不清晰，专业分包单位现场的组织管理体系未建立、关键岗位人员未到岗履职；专业分包单位与相应作业层班组骨干、作业人员未建立劳动合同关系，基建工程关键人员未取证，作业层班组骨干和核心分包队伍管控不严，基建十二项配套措施实际未能有效落地。

典型问题

■送变电公司 XXX 线 110kV 线路改造工程专业分包单位 XXX 电力工程有限公司现场未设施工项目部，总包单位送变电公司 5~7 月月度生产例会和周例会纪要中均未见专业分包单位项目经理、技术负责人和专职安全员等人签名记录。送变电公司劳务派遣人员李 XX 担任该专业分包工程现场工作负责人。未见专业分包单位班长兼指挥陈 XX、班组技术兼质检员韩 XX、班组安全员管 XX 及 2 名作业人员刘 XX、龙 XX 劳动合同、社保和工资发放证明。专业分包单位“农民工实名制工资信息报审表”缺作业人员管 XX，农民工工资未按月足额支付到位。专业分包单位 XXX 电力工程有限公司及人员不在 XXX 公司 2020 年发布的核心分包队伍和核心分包人员名录内。

■未见 XXX 检修公司建管的 XXX 桥 220kV 变电站 1 号主变压器扩建工程项目总监、安全监理工程师和专职安全员网省（市）公司基建安全培训证。XXX 公司未对社会施工企业（非 XXX 公司系统施工企业）核心分包队伍及相关人员进行审核。XXX 实业（集团）有限公司 2020 年基建工程作业层班组骨干名单未发文公布。

案例 9

配电工作票管理和执行存在漏洞

国网 XXX 电力配电工作票的管理要求不够明确，逐级宣贯、培训工作不到位，配电作业现场存在计划刚性执行不足、工作票许可不规范、安全措施不明确等各类问题，生产作业安全管控标准化工作过程管控不足、未能一抓到底。

典型问题

■《国网 XXX 市电力公司工作票管理规定》（XXX 电企管〔2016〕1 号）将变电、输电、配电工作票管理要求嵌套整合在一起，不利于所属二级单位及基层班组分专业执行；对于“双签发”要求及双方安全责任界定不明确。

■ XXX 公司 XXX 供电所“运检 XXX 供 -2020-05-29-01”配电线路一种票接地线先挂先拆，顺序错误；工作班完成的安全措施包括“必须系双带安全带”“测体温、体温必须达标”等不属于安全措施范畴的内容。

■ XXX 县公司 XXX 供电所“总营销新生 -2020-04-22-01 含分 1”配电第一种工作票所列“更换低压刀闸、更换绝缘线”工作任务未在周工作计划内，“更换低压刀闸”工作未踏勘且工作票附图中未见相应间隔示意图；工作班完成的安全措施仅描述为“停电、验电挂封闭接地线”，未包括拉开刀闸等关键具体内容；工作许可人“周 X”未在忠县公司“三种人”发文名单内；总票所使用的分工作票（“配电工作任务单”）许可时间在总票安全措施布置前，且未注明移动使用接地线在所列 5 个工作地点的挂设位置或者示意图。

案例 10

配网工程安全管理亟需规范

国网 XXX 电力落实“十八项禁令”不严格，配农网三个项目部责任落实不到位，存在业主不掌握分包信息、劳务分包人员担任工作负责人、先施工后签合同、人员准入管理缺失、施工机具未经报审等问题。

典型问题

■ XXX 公司配网施工执行的 PT-BB-P1-2020-0747 的工作票，分包单位（XXX 省 XXX 电务安装工程有限公司）人员蔡 XX 担任工作负责人，施工项目部人员林 XX 作为监护负责人。

■ XXX 公司城区供电中心的工程分包计划及分包申请是由运检部下属的配改办审批，业主项目部未及时掌握分包信息。

■ XXX 公司 10kV XX 线线路改造工程、XXX 公司 10kV XXX Ⅰ路 921 线路 XXX 线环网柜新建工程，在未签合同前提前实施外包项目。

■ XXX 公司 10kV XXX #7 变更换工程，工作班成员共 13 人，但 6 名辅助工均未进行人员资质审查备案。

■ XXX 公司 10kV XXX 线 XXX 分线改造工程施工项目部提供的主要施工机械、工器具、安全防护用品（用具）清单无报审手续。检查期间始终未见监理人员在场。

案例 11 缺陷管理存在死角

部分单位对专项工作落实不力，“规定动作”走样，上级专业管理部门督导不到位，存在继电保护装置危急缺陷处理不及时、二次系统安全防护管理不完善、弱口令等问题。

典型问题

■省检修公司继电保护及安自装置“排雷”行动、“三道防线”检查、十八项反措排查等专项工作均未成立组织机构、未编制方案、未见工作计划。省调自动化二次专业操作票不全，数量较少，不符合实际运行情况。

■省检修公司 XXX 500kV 变电站 I 套直流配电屏直流正极接地危急缺陷 10 天才处理完毕，XXX 500kV 变电站 SSP-500XXX 安全稳控装置 A 屏主机直流消失问题用时 1 个月才完成。

■ XXX 公司、XXX 县公司供电指挥服务中心配调办调度台调度自动化 D5000 系统存在弱口令问题，未通过 U-key 登录。XXX 公司地调、XXX 公司地调、省检修公司 XXX 500kV 变电站机房纵向加密认证装置滞留 U-key。

案例 12 安全教育培训管理责任缺失

国网 XXX 电力部分单位未落实安全教育培训计划，培训范围未实现全覆盖，针对专业管理人员的安全培训少，对劳务分包人员的培训走过场，安全培训责任不落实、闭环管控不力。

典型问题

■省检修公司 XXX 分部安全教育培训计划未按规定时间节点开展，4~7 月需开展的安全培训项目均未进行。

■省送变电公司及部分分公司对“4 · 14”事故警示教育培训滞后，对“4 · 14”事故暴露的分包安全主体责任不落实、分包人员严重违章、施工单位安全监督不到位等问题未采取针对性的防控措施。针对“5 · 11”事故开展的安全排查整顿工作中，对检查问题深入分析少、高风险作业整改措施制定少。

■ XXX 县公司、XXX 变电检修公司未编制、落实针对 XXX 500kV 变电站母线停电事件的防控措施，尤其对吊车进入变电站作业未制定针对性的防控措施。

■ XXX 公司全员安全培训档案不全，安监系统培训较多、各级专业管理人员的安全培训较少。存在“三种人”考试答案错误却判对的情况。

■ XXX 县公司未对第三方外包人员进行上岗培训考试和统一管理。XXX 电业集团配电工程分公司班组安全考试未判卷直接打分。

■ XXX Ⅰ、Ⅱ回 500kV 线路工程（东段）部分班组人员安全培训考试签名与答题笔迹不一致。XXX-XXX 入 XXX 220kV 线路工程班组人员安全培训考试题与实际从事的工作、施工方法不一致。

案例 13 工程项目管理粗放

分包合同、安全协议签订不规范；施工项目部建设批复文件、施工交底人员不全；“三措一案”审批存在纰漏；项目经理超承载力负责工程项目；工程资料报审不规范，“三措一案”会审、安全技术交底流于形式。

典型问题

■ G329 XXX 路二期电力杆线迁改工程协议正文中监理单位未签名，例如：概预算、竣工决算审核及工作施工总协调，两处监理单位确认负责人员签名栏空白，协议中无施工工期，没有约定各方安全责任，协议签署页未签署日期；台区施工和低压施工无监理。

■ G329 XXX 路二期电力杆线迁改工程签订的迁改（电建劳务）施工合同，其中“十、责任界定：现场施工安全责任全部乙方承担”，约定施工安全由乙方（XXX 公司）负责，条款约定不合规。

■ XXX 公司承揽的 XXX 大道（XXX 桥 -XXX 大道）杆线迁改工程，未见 XXX 公司成立施工项目部文件。2022 年 2 月 20 日复工安全技术交底记录中分包单位关键人员安全员（王 XX）未参加。2022 年 2 月 15 日“三措一案”审批表，审批栏项目部技术员由劳务分包单位马 XX 签署意见。

■周 XX 在 2021 年 11 月 ~2022 年 3 月同时担任了 XXX 镇 XXX 家园、XXX 实验中学、XXX 家园拆迁安置项目二期、XXX 示范园初期雨水调蓄池高压配电外线等 4 项工程的项目经理。

■ 2021 年 XXX 台区改造工程项目资料中存在：复工交底单上安全技术交底内容缺少针对性；开工审批单、涉农问题三方承诺书、开工报告、“三措一案”报审表、施工进度计划报审表未签订日期，建设管理单位未签署意见；“三措一案”无会审时间、会审人员、备案接收人，日期未签订；合同签订日期未填写等问题。

■部分工程“三措一案”未履行方案会审、备案接收手续，如 2020 年 XXX 103 线路改造工程、XXX 改造工程。

■部分台区开复工交底单中安全技术交底内容无针对性，如 2021 年 XXX 台区改造工程、2021 年 XXX 改造工程。

■ XXX 公司 2021 年 XXX 田园配电工程、2021 年 XXX 安置房 10kV 配电工程、2022 XXX 大道 XXX 路段（43 号杆）箱式路灯变电源新建工程“三措一案”大篇幅套用模板，施工方案无针对性。

案例 14 现场勘查、“三措一案”编审批不严谨

农网工程“三措一案”编审批不严谨，套用模板较多，以单日工作“三措一案”替代工程整体“三措一案”，项目指导意义弱化。

典型问题

■ XXX 公司 10kV XXX 08 线 XXX #1 台区改造工程等项目“三措一案”未按要求编写，大量套用技术标准，无针对性内容。

■ XXX 公司 2020 年承揽 10kV XXX 06 线改造工程，“三措一案”中带电部位方位与现场勘察记录不符，不停电工作“三措一案”中错误使用配电第一种工作票，审批页中未填写日期，未附现场示意图。

■ XXX 公司 2020 年承揽 10kV XXX 10 线改造工程、10kV XXX 08 线 XXX 台区改造工程，XXX 公司 2020 年承揽 10kV XXX 07 线 XXX 台区改造工程未编写工程整体“三措一案”，只编写单日停电工作“三措一案”。

■ 2021 年 XXX 县 10kV XXX 村 XXX 台区改造工程，作业文本存在现场交底记录、工作票中安全措施内容未填写，现场补充安全措施及注意事项填写随意、缺少针对性等问题。

■ 2021 年 XXX 县 10kV XXX 台区改造工程部分工作票未执行双签发。

■ 2020 年 XXX 县 10kV XXX 镇 XXX 村 XXX 台区改造工程存在工作票措施栏接地线数量与附图不一致问题。

■ 2020 年 XXX 台区改造工程涉及高压接火、送电，未提供相应供电所的操作票。

案例 15 配网工程管理不规范，合规管理风险凸显

项目执行不规范，工程方案变更未履行变更手续；文明施工要求执行不严格，存在法律风险；分包合同未签订，工程分包不合规。

典型问题

■ 2021 年配电网第四批项目 XXX 县 10kV XXX 支线等改造工程已完工，方案变更审批单业主项目经理、监理项目部均未签字确认，业主、监理履职不到位。

■ 2022 年配电网第一批 7 个项目均已开工，但未按《关于规范配电网工程安全文明施工费计列与使用的意见》支付安全文明施工费。

■ XXX 县 10kV XXX 小区双电源改造工程，2022 年 4 月 9 日作业计划工作人员共 4 人，其中 3 名辅工为 XXX 有限公司人员，经查阅，XXX 公司未与该单位签订分包合同。

案例 16　工程项目管理不规范

配网工程项目管理存在偏差，部分工程审定工程量与实际不符，配网精益化管控系统中进度与现场实际不一致，施工合同签订不合规。

典型问题

■ XXX 公司 10kV XXX 04 线 XXX 台区改造工程、10kV XXX 镇 05 线 XXX 村 #1 台区改造工程，现场已经开工，施工合同仍未签字。

■ XXX 公司 10kV XXX 07 线 XXX 台区改造工程，该项目已正式转资。在审计报告中该项目的旧变压器、旧电杆、旧绝缘线等物资均已完成拆旧，但现场实际仍未拆除。

■现场核实 XXX 公司 10kV XXX 06 线前后 XXX 台区改造工程、10kV XXX 06 线 XXX 台区改造工程仅仅完成立杆工作，XXX 公司 10kV XXX 06 线 XXX 台区改造工程配变未安装，上述工程在配网工程精益化系统中均显示为已竣工投运状态。

■ XXX 公司 2020 年承揽 XXX 公司变配电实物 ID 赋码贴签工程开工报告、竣工报告、验收报告、审签书中，工程管理部门均未签字盖章。

案例 17　农配网工程作业计划管理无序

存在无计划施工、作业计划与工程量不一致、当日作业计划与实际承载力不符等严重问题，专业管理缺位，安全监管缺失。

典型问题

■ 2020 年 XXX 台区改造工程系统仅 2 条计划，工程量与作业计划数量不匹配，无停电接火计划。

■抽查部分项目存在无拆旧作业计划，如 2020 年 XXX 北台区改造工程、2020 年 XXX 台区改造工程等。

■ 2020 年 XXX 县 10kV XXX 镇 XXX 村 XXX 台区改造工程：该项目从开工至结束无停电作业计划，与实际不符。

■ 2020 年 XXX 县 10kV XXX 镇 XXX 村 XXX 台区改造工程仅有 2 天立杆作业（7 名作业人员，含吊车、挖机驾驶员），与实际工程量不符。

■ 2020 年 XXX 县 10kV XXX 镇 XXX 村 XXX 台区改造工程作业过程缺少立杆作业（仅有 1 天立杆作业，2 名作业人员，1~8# 杆）。

■ 2020 年 XXX 县 10kV XXX 村 XXX 台区改造工程 2 条作业计划，仅 1 天立 1~13# 低压电杆，1 天展放低压导线、下户线安装、变台安装，部分作业环节缺少。

■用户 XXX 县 XXX 公司业扩新装未见计划；2022 年 3 月 9 日 10kV XXX 143 线路 XXX 支线 02~04# 杆外破倒杆抢修未见计划；2021 年配电网第四批项目 XXX 县 10kV XXX139 线 XXX 支线改造工程，未见导线展放、旧电杆拆除作业计划；5 个不同地点装表接电（计划编号 YJJH2022051800XXX）仅有 2 处有计划。

案例 18 作业计划管控缺乏刚性

外部工程未全部纳入作业计划管理；风险公示不规范且专业管理缺位；作业计划与实际承载力不符，涉嫌规避监管。

典型问题

■ XXX 公司工程二队施工三班 2021 年 6 月 3 日进行的“10kV XXX 04 线 XXX 台区 400V D01XXX 线 #12~#36 杆线拆除、10kV XXX 路 05 线 XXX 台区安装变压器”等工作，计划工作时间为当日 13:30~17:30，该项工作任务计划工作时长与现场实际工作量严重不匹配。

■ XXX 公司 35kV XXX 10kV XXX 店 04 线 XXX 等支线改造工程 9 月 22 日 8:00~18:00 安排一条作业，计划拆除 5 条支线的 39 档旧导线及金具，当日实际工作人员仅 3 人，工程量与承载力明显不匹配。

■ XXX 公司 2021 年有 31 条无计划施工现象。

■查阅公司主页“停电计划发布”模块中“月度停电计划”栏目中只更新到 2021 年 5 月，周计划模块“周停电计划”栏目中，部分周计划发布不及时，2022 年第 8、9 周发布日期均为 2022-2-25，2021 年第 42、43 周发布日期均为 2021-10-15，2021 年第 29~34 周发布日期均为 2021-8-13。“日停电计划”栏目中，2022 年 1 月 1~20 日发布日期全部为 2022-1-20，1 月 21 日 ~3 月 3 日发布日期全部为 2022-3-6。

■ XXX 公司 2020 年 10kV XXX 06 线 XXX 台区改造工程，施工单位为 XXX 有限公司。该项目在配网工程精益化管控系统中仅有 1 条电杆组立工作计划，工作票内容为组立 10 基电杆，经过现场核实，实际已经组立高低压电杆 50 余基，工作量与施工计划不匹配。

■ XXX 公司 2020 年 10kV XXX 09 线 XXX 台区改造工程配网精益化管控系统显示已竣工，施工单位为 XXX 有限公司，该项目在系统中仅有 2 条施工计划，其中组立电杆工作计划仅有 2020 年 7 月 23 日 1 条，但竣工档案中监理单位提供电杆组立隐蔽工程检查记录包括 5 月 9 日、6 月 5 日、6 月 28 日等多项记录，未见施工计划。

■ XXX 公司 2020 年 10kV XXX 06 线前后 XXX 台区改造工程，施工单位为 XXX 公司，分包单位为 XXX 公司，2020 年已完成电杆组立，放紧线，配变安装等工作，但作业风险管控系统中施工计划与工作量不匹配。

■ XXX 公司 2020 年 10kV XXX 08 线 XXX 环网柜改造工程已完工，施工单位为 XXX 公司，工程量资料中包括 3 天土建施工工作，但在作业风险管控系统中无相关作业计划。

案例 19

部分农配网工程“未批先干”

部分农配网工程项目在批复文件下达前提前施工，存在作业计划无法线上管控、工程合规性等诸多问题。

典型问题

■ XXX 县 10kV XXX 村 XXX 台区改造工程，可研收口时间为 2020 年 6 月，项目批复时间为 2021 年 1 月，实际开始施工时间为 2020 年 7 月。

■ XXX 县 10kV XXX 村 XXX 台区改造工程，可研收口时间为 2017 年 1 月，项目批复时间为 2020 年 1 月 16 日，具体施工时间为 2019 年 9 月。

■ XXX 县 10kV XXX 村 XXX 台区新建工程，可研收口时间为 2018 年 5 月，项目批复时间为 2020 年 1 月，具体施工时间为 2019 年 3 月。

■ XXX 县 10kVXXX 镇 XXX 村 XXX 台区改造工程，可研收口时间为 2016 年 8 月，项目批复时间为 2020 年 1 月 16 日，实际开始施工时间为 2018 年 7 月。

案例 20

工程关键环节管控缺失

工程设计管理关键环节缺失，工程变更后现场关键作业文本未修编，业主、监理项目部对工程过程管理要求未落实。

典型问题

■部分工程未组织开展施工图会检，无会议纪要，如 2020 年 XXX 台区改造工程、2020 年 XXX 台区改造工程等。

■ 2020 年 XXX 县 110kV XXX 10kV XXX 111 线改造工程项目变更（改造架空线路由 0.726km 变更为 3.357km，电缆由 0.085km 变更为 0.128km，钢管塔增加 1 基，18m 电杆增加 5 基）后，未重新修编“三措一案”，没有设计变更。

案例 21

配网工程“三个项目部”履职有缺位

部分高风险作业现场业主项目部未到岗到位；外包分包单位资质审核把关不严，未进行备案；监理项目部人员配备不全，承载力不足。

典型问题

■ 2021 年部分配网工程三级风险作业现场业主项目部未到岗到位（日计划编号 202111199XXX）。

■ 2022 年施工单位、监理单位企业及人员资质未在专项办备案。2021~2022 年集体企业承揽的配网工程劳务分包单位均未经业主、监理审批，业主、监理项目部履职不到位。

■ XXX 公司 XXX 项目部配备 6 人，其中朱 XX 不符合安全监理工程师任职条件、专业监理工程师王 XX 未准入，实际配备 4 人，人员配置不足。

案例 22

作业现场安全管控不力

现场风险辨识不准确；“两票”执行有差距；安全监管不到位；施工方案针对性不强，作业人员安全教育培训效果不佳。

典型问题

■外包单位 XXX 公司 2022 年 1 月 13 日进行的“35kV XXX 10kV X XX 05 线 XXX 支线 #19、#25 杆、XXX 支线 #1~#15 杆运杆、立杆、安装金具拉线（编号 20110113 XXX）”工作，计划任务中吊车立杆时邻近 10kV 带电线路，工作票措施栏中未明确吊车与带电线路的安全距离，仅表述安全防范措施。

■ XXX 供电所未对 2021 年度 10、11 月的工作票进行评价；配电一票（20211014XXX）“5.1 栏”对 35kV XXX 变 10kV XXX 06 线 XXX 支线 #39 杆 XXX 台区 #1 杆熔断器进行操作，未见操作票，且操作接地线未在图中进行标注；配电一票（20210203XXX）“5.1 栏”对 110kV XXX 10kV XXX 所二 28 线开关进行操作，未见操作票，未见当日安全工器具领用记录，且现场所装设的 2 组 10kV、4 组 0.4kV 接地线编号与该所安全工器具编号不一致。

■ 3 月 9 日现场督查 XXX 公司 XXX 路 #1~#9 电杆组立及放紧线作业现场，现场存在问题如下：一是吊车起吊过程中，吊车操作人员离开驾驶室；二是临时工教育卡中未填写交底时间、交底负责人，仅有人员签字；三是安全交底卡人员分工缺少吊车指挥人员；四是现场使用的吊车钢丝绳未检验，接地线接地端埋深不足 60cm。

■3月9日现场督查XXX公司10kV XXX二08线#8~#11井电缆敷设作业现场，现场存在问题如下：一是工程“三措一案”、施工方案部分套用模板，针对性不强，工程安全协议缺少签订时间，工程安全交底未交代现场初勘情况，组织、技术措施交代不全，缺乏可操作性；二是现场使用的一部绝缘梯破损，现场配备的手电筒为非防爆式；三是现场询问劳务分包单位XXX作业人员王XX（有限空间作业#11井专责监护人），其对国网106号文件不了解，对相关违章条款掌握不清，对有限空间电缆井内氧气含量标准值不清楚。

案例23　施工项目部履责有缺位

施工项目部组建不规范；安全活动会记录不全面，安全活动所学内容未能入脑入心；工程安全交底走过场。

典型问题

■XXX路二期电力杆线迁改工程2021年施工项目部成立文件没有文号，人员不全，缺少质量、物资、档案管理人员；现场负责人吴XX、关XX等未列入项目部成立文件；该项目“三措一案”中技术员是唐XX，但2021年施工项目部成立文件中，技术员是吴XX。

■抽查XXX公司施工队2022年月度安全生产分析会材料中缺少《国家电网有限公司关于进一步加大安全生产违章惩处力度的通知》(国家电网安监〔2022〕106号)重要文件学习内容，现场考问施工队长也不清楚文件内容。

■抽查XXX公司施工队2021年XXX县35kV XXX变10kV XXX 05线XXX支线改造工程安全培训交底卡，外包单位工作班成员未全部在交底卡上签字。

案例24　作业现场安全管控措施不力

作业现场安全技术交底执行不到位，现场勘查不仔细，风险分析针对性不强，部分施工作业现场承载力不足。

典型问题

■XXX公司2021年3月30日10kV XXX05线XXX线1-1杆更换电杆工作现场，安全交底中吊车驾驶员签名与现场实际人员不一致。

■XXX公司2021年3月30日10kV XXX16线XXX支线#15-2杆更换断路器现场，作业文本中线路双重名称与实际不一致。

■XXX公司2020年11月16日10kV XXX 06线XXX台区改造工程安装配变、金具、放紧线工作，工作票中施工作业人员仅有4人，且无大型机械操作人员，施工人员、工器具不足以承担工作票所列配变安装、放紧线等工作内容。

案例 25

现场勘察流于形式

现场勘察不满足“先勘察、再方案、后计划”要求；邻近 10kV 带电线路未在勘察记录中体现；设备管理单位人员、大型施工机械操作人员未参与现场勘察；部分作业现场存在勘察记录内容笼统、风险点辨识不到位、关键安全措施缺失等问题。

典型问题

■ 2022 年 3 月 9 日现场督查 XXX 公司 10kV XXX08 线 #8~#11 井电缆敷设作业现场，现场勘察日期为 3 月 8 日，3 月 9 日即施工，不满足现场作业的时限要求。

■ XXX 公司工程二队施工三班 2021 年 6 月 3 日进行的“10kVXXX04 线 XXX 台区 400VD01XXX 线 #12~#36 杆线拆除、10kVXXX 路 05 线 XXX 台区安装变压器”等工作，吊车作业人员罗 XX、设备管理单位人员均未参与现场勘察，该项工作 6 月 2 日勘察后 6 月 3 日即施工。

■ XXX 公司 2021 年 5 月 26 日进行的“35kV XXX 变 10kV XXX05 线 XXX 台区新建 400V 线路 #9~#17 杆运杆、杆洞开挖、立杆、铁附件安装”工程，挖机操作人员陈 XX、黄 XX、设备管理单位人员均未参与现场勘察。

■ 3 月 9 日现场督查 XXX 公司“新建 10kVXXX 路 #1~#9 杆电杆组立及铁附件安装、新建 XXX 路 #1~#9 杆放紧线及制作临时拉线”作业现场，该项作业计划未挂网公示，邻近 10kV 带电线路未在勘察记录中体现，吊车操作人员刘 XX、挖掘机操作人员吴 XX 未参与现场勘察。

■ 2020 年 10kV XXX111 线改造工程实施过程中，2020 年 5 月 15 日勘察记录中需停四回 10kV 线路，而应采取的安全措施栏中装设的接地线及位置、悬挂的标示牌、围栏等关键安全措施信息未填写。

■ 2019 年 XXX 县 10kV XXX 乡 XXX 村 XXX 台区改造工程中，存在光伏线路及机井通电线路在前期工作计划的现场勘察记录及工作票中未体现，未做相关安全措施。

■ 2022 年 5 月 23 日 10kV XXX127 线 XXX 支线 #002~#011 杆拆除旧导线、立撤杆、放紧线作业现场，现场勘察不仔细，未交代 #8~#9 号杆之间的低压线路。2022 年 5 月 23 日，10kV XXX154 线 XXX 台区 14081 配变更换现场，吊车操作人员宗 XXX 未参与现场勘察。

第五节　建设部分案例

案例 1　12 项配套政策仍需强力推进

业主、施工两级管理人员到位不足，安全专项检查不规范、整改不及时，地市层级安全责任量化考核执行不规范，基建施工作业计划管控不严格，部分工程现场施工机具报审手续或检测报告不齐全，安全文明施工费管理不规范，国网 XXX 电力专业管理部门对十二项配套政策落地尚未形成有效管控机制。

典型问题

■ XXX、XXX、XXX 公司等市公司建设部与项目管理中心合署办公，仅在建设部设置 1 名安全管理人员，建设专业职能管理与工程项目管理未实现有效分离。

■省建设公司未参照国网 XXX 电力 2019 年一季度量化考核结果，对有关责任人进行约谈、考核；XXX 公司、XXX 公司未按照 2019 版《国家电网有限公司输变电工程安全质量责任量化考核办法》，制定具体实施细则；XXX 公司未按照要求每季度开展一次安全质量责任量化考核。

■国网 XXX 电力建设部现场安全检查，未对发现的违章进行定性定级，部分立查立改问题未做到立即整改，其中编号为 AZ-202006-002 号安全质量检查问题通知单，吊绳破损、现场绞磨转动部分无防护罩等问题未做到当日整改。

■ XXX 三期～XXX 岭双回线路开断接入 XXX 山变 220kV 线路工程，2020 年 8 月 3 日基建 e 安全日一本账中，原计划为 #16 塔地面组装，现场实际为吊车组塔。XXX ～ XXX Ⅱ回和Ⅲ回 220kV 线路工程，2020 年 8 月 5 日基建 e 安全日一本账中，原计划为 #51、#57+1 基础开挖，实际多出 #25 基础开挖。

■ XXX 电力工程建设有限公司、XXX 公司 XXX 输变电工程有限公司、XXX 电建公司承揽的输变配在建工程项目经理、安全员、质检员存在兼岗问题。

■ 220kV XX 海上风电场送出线路工程送风设备无报审手续，报审的弯曲机（2 台抽检 1 台）、气体检测仪（3 台抽检 1 台）等设备未全部检验。

■ XXX220kV 变电站 110kV 送出工程专业分包合同中，未明确作业层班组骨干人员、专业分包单位施工机械设备、安全文明施工费使用计划及明细。

案例 2 建设施工管理问题突出

部分单位对分包工程重要施工方案审批把关不严，存在“以包代管”“管而不严”的现象，部分工程关键人员无有效证件，基建十二项配套措施未能有效落地，“四个管住”管不住的问题突出。

典型问题

■ XXX 公司输变电改扩建工程的“三措”编、审、批均为施工单位人员，XXX 公司管理部门未审核把关。

■ XXX 省送变电公司天 XXX- 通 XXXπ 入 XXX 城 220kV 线路工程跨越架搭拆实际在“118#-0119#”实施，但方案中为“119#-120#”，该跨越架搭拆方案未由项目总工编制，且未向业主、监理履行报审手续。该工程施工期间未在工作区域两端装设工作接地线。

■ XXX 集团有限责任公司 10kV 钢材线迁移工程工作负责人范 XX、10kV XXXI 线迁改工程负责人张 XX，不具备配电工作负责人资格。

■ 2019 年 8 月 13 日、9 月 10 日 XXX 电力建设股份有限公司 XXX500kV 变电站两起高压电缆损坏事件，施工分包单位构成“黑名单”Ⅲ级标准，但没有按照Ⅲ级“黑名单”标准管控，未明确分包队伍、分包人员禁入期限。

■ XXX 省送变电公司 XXX 西 500kV 变电站新建工程多名焊接、高处作业等特种作业人员无有效证件。A 型构架吊装、横梁吊装工作负责人李 × 未在《XXX 省送变电工程有限公司 2019 年度第一批基建“三类人”汇总表》中。XXX500kV 变电站扩建及更换工程项目部安全技术交底未涵盖班组骨干人员，且安全措施不详细。XXX-XXX 城Ⅰ、Ⅱ回 500kV 线路工程现场使用的吊车租赁合同超期，仍在违规使用。

■ XXX 省送变电公司中和 110kV 变电站新建工程土建施工设置 2 个作业层班组，配置了一名质量（技术）人员，在工期重叠情况下两个不同施工项目重复使用部分关键人员。工程施工临时用电方案显示低压电工为“彭 XX”，而报审和现场实际管理的低压电工是“谭 XX”。工程现场分包人员在不具备开工条件的情况下进场作业。

■ XXX 省送变电公司 XXX 西 500kV 变电站新建工程现场，受力工器具（链条葫芦）、安全带随意放置，个别钢丝绳锈蚀严重。XXX 西 220kV 变电站新建工程现场，柴油用塑料桶盛放，且在太阳下暴晒，危险品库房无通风措施。

案例 3 基建专业安全管理有待加强

国网 XXX 电力建设部施工现场管理缺位，专业检查不深入，存在到岗不到位、到位不履职等现象。“四个管住”落实不到位，部分基层单位未规范开展分包商履约评价，对核心分包队伍安全、履约情况把关不严，存在违规分包情况。部分项目部作业层班组骨干人员管理不到位，人员名单与现场实际不符。“e 安全”应用不到位，人员安全考试、进出场管控不严，施工监理项目部关键人员多次更换未履行审批手续。

典型问题

■ 2020 年 1~6 月国网 XXX 电力四级风险作业预警超过 70 项，抽查发现建设部多次未按要求到岗履职。

■ XXX 市电力建设有限公司分包队伍管控评价制度，未将安全目标、安全履约、违章考核等内容纳入对分包队伍的年度考评范围，未细化本单位“黑名单”“负面清单”管控条款。

■ XXX 建筑工程有限公司不在国网 XXX 电力专业分包商名录中，违规承包杆塔基础施工的专业分包工作。

■送变电公司二季度量化考核检查中，发现 37 个在建工程项目部中有 23 个项目部存在“方案审核不严格、针对性不强”的问题，占比达 62%，XXX 送变电公司未针对此类突出问题开展专项整治。

■ XXX 电厂 -XXX 特高压变电站 500kV 线路工程施工合同未附作业层班组骨干人员名单，项目部不掌握现场实际作业层班组骨干和分包人员信息。

■ XXX 北 500kV 变电站土建施工项目部对进场分包单位人员未进行全员三级教育。

■送变电公司 XXX 风电 220kV 送出工程 27# 塔悬浮抱杆组立杆塔现场，视频布控球未对准施工现场。

■ XXX220kV 变电站 110kV 送出工程业主项目部未组织全部参建人员通过“e 安全”开展“交规式”入场安全考试。XXX 电厂 -XXX 特高压变电站 500kV 线路工程项目经理、项目总工更换未履行变更审批手续，多名核心分包人员未录入基建“e 安全”。

案例 4

安全隐患排查治理不到位

部分单位设备运维不到位、管理职责不明确等因素造成部分隐患不能得到有效治理，隐患档案建立不规范，未整改隐患缺少跟踪督办机制。建设专业隐患排查治理流于形式，基层单位无工作过程资料。

典型问题

■ 2020 年 1 月，国网 XXX 电力建设部组织开展的隐患排查治理工作，建设部对工作开展情况督导力度不够。

■ XXX 输电检修公司院内西南角一座建于 1908 年的文物烟囱高约 40m，管理责任不明确，年久失修已出现建筑材料高处坠落现象，存在重大安全隐患。

■ XXX 省检修公司变电检修中心电气实验室和油化实验室长期未进行清理，杂物堆积，试验工器具、储物箱等物品散落地面，并存放大型油桶，存在消防隐患。

■ XXX 公司变电运检室（运行）对排查发现的消防隐患没有落实“一患一档”管理要求，对尚未整改完成的消防隐患缺少跟踪督办。

■ XXX 公司 7 月共排查 69 项隐患，其中“10kV 线路对地及房屋距离不够”等 16 项隐患尚未完成治理，存在安全事件风险，并且未制定临时管控措施。

案例 5

外包队伍管理不严格

安全准入要求组织落实不到位，安全准入工作滞后；外包队伍安全准入把关不严，“两个名单”未按规定发布，外包单位违章处罚震慑力不足，违规行为在项目匹配环节应用效果不明显，违章行为虽禁不止。

典型问题

■ XXX 公司 2020 年 3 月自查中发现 XXX 公司存在无计划施工现象，虽然对施工单位进行处罚，但该施工单位 2020 年 7 月重复出现无计划施工现象。

■ XXX 公司、XXX 公司法人授权委托书及委托代理人社保证明和企业法人及企业资信管理员联系方式未录入风控平台，仍通过外包单位资质审核。

■ XXX 公司 2020 年框架服务商履约评价工作中，XXX 公司月度履约评价名次与年度履约评价名次不一致。

■ XXX 公司 2020 年未定期统计外包施工人员违章记分情况，未发布本单位外包施工单位、人员“黑名单”及“重点关注名单”。

■ XXX 公司 2020~2021 年使用的自建系统（施工企业信息管理系统）开展外包单位及人员准入资信管理，截至 3 月 10 日，省公司统一部署使用的安全生产风险管控平台中仅审核通过一家外包单位（XXX），其余单位均还在录入阶段。

■施工企业信息管理系统查询 XXX 公司劳务分包单位 XXX 公司 2022 年度资质，营业执照、承装修试证书、安全生产许可证上的法人为袁 XX，建筑业资格证书法人为王 XX，两者不对应。

案例 6　作业风险有薄弱环节，“管住计划”落实不严

作业计划未实现管控全覆盖，各单位部分自控的土建施工、业扩报装、装表接电、抢修作业等未纳入统一的作业计划及系统平台管理范畴。无计划、无票、无工作负责人等触碰安全红线的严重违章依然存在。

典型问题

■ 2020 年 8 月 1 日，国网巡查组“四不两直”发现 XXX 新大陆 110kV 输电线路工程（电缆土建）施工作业现场无计划作业，无施工作业票，工作负责人（专责监护人）、班组安全员均不在场。专业分包单位 9 人分 2 组分别在 D1、D2 顶管工井内开展模板安装及支护、管道支撑加固、坑洞清理工作（三级作业风险）。

案例 7　外来施工人员管控不严，“管住人员”存在漏洞

部分施工项目部人员台账不准确，对“作业层班组骨干人员为自有人员”要求执行不到位。部分项目部管理人员岗证不符，特种作业证逾期未复检、持假证现象依然存在。部分项目安全培训考试走过场、走形式。

典型问题

■ XXX 项目施工项目部实际人员与台账记录不符。XXX 送变 XXX 项目班组关键人员出现在分包保险名单中，XXX 项目班组自有人员定义为分包作业施工劳务配合人员，现场班长对劳务分包情况不清楚。

■ XXX 项目经理不具备担任资格，特种作业人员未持有效证件上岗。XXX 项目质检员不具备担任资格，立塔班组特种作业人员证件造假，放线班组特种作业人员证件逾期未审。

■ XXX 东北部项目、XXX 川 XXX 路项目、XXX 送 XXX 项目培训考试卷随意批改，考试分数随意填写。

案例 8　基建安全质量责任量化考核和安措费管理不规范

国网 XXX 电力季度基建安全质量量化考核检查未覆盖所有参建单位，量化考核约谈记录针对性不强，量化考核结果应用不到位；个别单位对于安全文明施工费使用计划管控不到位，安全文明施工设施管理混乱，进场验收把控不严。

典型问题

■国网 XXX 电力 2019 年第四季度量化考核检查未覆盖检修分公司、XXX 公司、XXX 电力建设监理有限公司、XXX 电网建设监理有限公司、XXX 建工集团有限公司、XXX 电网工程有限公司等参建单位。

■国网 XXX 电力 2019 年一季度对 XXX 公司、XXX 公司和 XXX 公司等单位的安全责任量化考核约谈记录内容针对性不强，无主要问题情况说明、原因分析及改进措施。未能提供 2019 年三季度量化考核排名后三的监理和施工单位对相关岗位人员的约谈记录。

■国网 XXX 电力未根据 2019 年每季度量化考核结果，对相关参建单位进行奖励和处罚。送变电公司、建设分公司（监理公司）依据省公司 2019 年二季度量化考核通报对相关人员的奖励和处罚明细在人资和财务账上未体现。

■ XXX 送变电公司 110kV XXX 线路改造工程未见专业分包单位安全文明施工费用使用计划，安全文明施工设施进场验收单和安全文明施工设施申购计划设施类别、数量有偏差；进场验收单未附相应设施验收照片，提供的发票、收据与申购计划不对应；“安全文明施工设施进场验收单”监理项目部验收意见未填写，业主项目部审批意见与设施验收无关。

案例 9　施工、监理项目部履职监管不力

施工项目部部分管理人员未在岗履责，监理项目部对部分工程作业关键环节未旁站监督，业主项目部缺少监管。

典型问题

■ XXX 公司施工项目部安全员、技术员未在驻地履职，业主项目部对其缺少监管。

■ 2020 年 XXX 变 10kV XXX 厂 103 线改造工程中立杆、放线等作业环节，系统未上传监理旁站照片。

■ 2020 年 XXX 县 10kV XXX 镇 XXX 村新建 XXX 区改造工程无监理旁站记录。

案例 10　基建施工“一方案、一措施、一张票”管控不严格

施工方案编制针对性差，施工、监理和建设各层级审核把关不严，方案内容与现场实际情况“两张皮”；个别工程未按要求编制“施工安全管控措施”，施工现场关键点安全措施落实不到位，作业票填写不认真，项目管理人员实际未能有效到岗履责，基建施工现场安全管控力衰减明显。

典型问题

■ XXX 检修分公司建管的 XX 桥 220kV 变电站 1 号主变扩建工程项目管理实施规划（施工组织设计）由项目技术员赵 XX 编制，危险点、薄弱环节分析预测及预防措施有深基坑作业、岩石基坑开挖、护坡施工等与工程实际不符的内容。

■ XXX 送变电公司 XXX 观线 110kV 线路改造工程 G13# 人工挖孔桩提升架未按方案要求搭设。XXX 山 –XXX 湾 110kV 输电线路工程 13# 组塔现场揽风绳使用迪尼玛绳，方案中无具体要求，且有两处迪尼玛绳与主材绑扎部位未衬垫软物。XXX 检修公司建管的 XXX220kV 变电站 1 号主变扩建工程未按“12 项改革配套措施”要求编制“施工安全管控措施”，报审的《施工安全管理及风险管控方案》主要内容与《国家电网公司输变电工程施工安全风险识别、评估及预控措施管理办法》（国网（基建 /3）176—2019）规定不符。

■ XXX 送变电公司 XXX 山一XXX 湾 110kV 输电线路工程组塔作业下塔人员未使用垂直攀登自锁器。XXX 观线 110kV 线路改造工程 G13# 人工挖孔桩作业现场硬质围栏立杆离坑口距离少于 0.5m，基坑周边硬质围栏底部未设挡土板。坑底作业人员上下 8m 左右基坑未使用速差自控器；作业现场未见防毒面具，电动葫芦提土机械和鼓风机未严格执行“一机一闸一保护”。

■ XXX 工程公司 XXX 路（一期 10kV 储中线等线路）改造项目 –XXX 路至 XXX 土建工程施工现场孔洞使用塑料草皮覆盖，未使用安全围栏，未设置安全警示标志。

案例 11

外包施工人员管理存在漏洞

配网工程施工作业人员准入审核把关有漏洞，现场关键人员“三种人”资质管理不到位，部分特种作业人员未经准入参与现场工作。分包队伍安全技能等级测评流于形式、覆盖面不全；分包人员身份角色录入有偏差。

典型问题

■ XXX 公司 2020 年 10kV XXX 04 线 XXX 村 XXX 台区改造工程，工作票中工作负责人朱 XX 不具备相应“三种人”资质。

■ XXX 公司外包单位 XXX 公司 17 名技工无社保证明，租赁 3 名大型机械操作人员无体检证明，机械无检验合格证、行驶证、保养记录，管理部门仍审核通过。

■ XXX 公司 2021 年 3 月 18 日 10kV XXX 06 线改造工程组立电杆等工作，大型机械操作人员徐 XX、杨 XX 资质未录入风控平台，参加当日现场工作；XXX 公司 2021 年 3 月 22 日 10kV XXX 05 线电杆组立、安装金具工作，大型机械操作人员许 XX 未参加安全准入考试，资质未通过审核，参加当日现场工作。

■ XXX 公司高 XX 于 2 月 24 日对 XXX 公司 40 余人测评，测评量与实际严重不符，只有得分结果，没有评价明细。韦 XX 于 2 月 24 日同时对 XXX 公司、XXX 公司等多家单位开展测评，测评量与实际严重不符。

■ 2022 年 XXX 公司未对分包单位 XXX 公司马 XX、姚 XX、张 XX、周 XX、王 XX 5 名技工，XXX 公司袁 XX、姜 XX、王 XX、宋 XX、袁 XX、姜 XX、李 XX 7 名技工，XXX 电力任 XX、XXX 电力谭 XX、伍 XX 等技工进行安全技能测评。

■ 2022 年 3 月 9 日现场督查 XXX 公司“新建 10kV XXX 路 #1~#9 杆电杆组立及铁附件安装”工作，现场吊车、挖机操作人员在系统中准入为“长期临时用工”，应为“大型机械操作工”，准入角色选择错误。

■ XXX 工程有限公司施工项目部存在：安全员安全证不符合要求，无住建部门的安全员 C 证；项目部关键人员毕 XX、韩 XX、童 XX 无安全准入考试成绩，未办理入场证；人员信息表无审查人员签字确认；无技工社保证明等问题。

■ XXX 有限公司施工项目部管理人员未参加安全准入考试；多人体检数据不真实，血压均为 90/140mmHg；无技工社保证明等。

■ XXX 公司省管产业单位（XXX 工程公司、XXX 阳光公司），2021 年城配网施工项目部报审资料不规范，未见 2021 年度“三种人”文件、人员信息审查表，部分人员未在系统维护。

案例 12 “管住现场”措施不力，典型性违章未能遏制

部分施工作业现场关键安全措施未落实，票种使用不正确，安全工器具带病入场。

典型问题

■ 2022 年 5 月 23 日，10kV XXX 127 线 XXX 支线 #002~#011 杆拆除旧导线、立撤杆、放紧线现场，拆除导线未在起始杆和终端杆设置临时拉线；现场验电器接触不良，不能正常报警。

■ 2022 年 5 月 23 日，10kV XXX 167 线 XXX 台区 11034 号配变更换低压用户表，实际工作内容与计划不符，实际更换台变总表；现场工作票使用错误，现场停高压，错误使用低压工作票；工作负责人在梯上作业，无人扶梯；现场无低压绝缘手套和验电器。

案例 13 工程档案管理不规范

施工过程记录和设备试验数据不真实、档案时间逻辑错误、工程前期资料不完善，工程资料审核把关不严。

典型问题

■ 2020 年 XXX 县 110kV XXX 变 10kV XXX 111 线改造工程档案中施工记录与实际作业不符，系统中为 3 条作业计划，工程档案中有 11 条施工记录。

■部分工程项目资料中概算书未加盖公章，如 2020 年 XXX 县 35kV XXX 变 10kV XXX 山 103 线 XXX 支线改造工程、2020 年 XXX 县 35kV XXX 变 10kV XXX 103 线改造工程等。

■ 2020 年 XXX 县 10kV XXX 镇 XXX 村 XXX 台区改造工程系统内开工时间与工程档案不一致，系统开工时间为 2020 年 6 月 20 日，工程档案为 2020 年 7 月 5 日。

■ XXX 台区改造工程项目中三台新建变压器检验报告数据不真实，变压器、避雷器接地电阻均为 2.81Ω。

■ 2020 年 XXX 台区改造工程项目资料中 2020 年 6 月 12 日隐蔽工程记录中施工人员与当日工作票有 5 人不一致。

■ 2020 年 XXX 县 35kV XXX 变 10kV XXX 山 103 线 XXX 支线改造工程物料有偏差，补料单多出了 15 根电杆。

第六节　发策部分案例

案例 1　安全生产“明责”未做到全覆盖

国网 XXX 电力及部分单位安全责任清单覆盖不全、针对性不强、审核把关不严，存在简单套用、宣贯培训不力等情况，个别人员对本岗位安全责任不掌握、安全述职不严肃。

典型问题

■国网 XXX 电力发展部缺少综合计划处副处长岗位责任清单。XXX 电力集管办改革发展处处长与安全建设专责安全责任清单内容相同。

■ XXX 公司调控中心安全责任清单中包含省调“中长期交易计划与跨区联络线进行安全校核”的内容。

■ XXX 超高压电力建设公司未编制各专业部门副职的安全责任清单。XXX 高新电业集团有限公司综合管理部安全责任清单无交通、消防及安保等内容。XXX 集团下属的 XXX 分公司、XXX 新能源服务分公司、XXX 勘察设计监理分公司安全责任清单未结合本单位实际编制，套用集团公司安全责任清单。

■ XXX 省检修公司、XXX 集团 XXX 分公司等单位未开展责任清单培训，通过与部分领导和管理人员交流，发现对本岗位安全责任不清楚、不掌握。

■ XXX 省送变电公司部分专业管理部门负责人、XXX 电业集团电力安装分公司个别领导述职报告只对专业管理进行述职，未对安全履职情况进行述职。

案例 2　电网网架结构不合理，低压脱扣频发

XXX 电网网架结构不合理，故障引起的电压波动可能导致大量低压脱扣，加大负荷损失。用户侧低压脱扣装置治理推进受阻，进度不理想。

典型问题

■ 2018 年“5 · 10”330kV XXX 南 XXX Ⅰ线故障损失负荷 30 万 kW（含低压脱扣负荷，下同）；2019 年“7 · 28”330kV 城南Ⅰ线故障损失负荷 100 万 kW；2020 年“7 · 8”110kV XXX Ⅱ线故障损失负荷 26 万 kW。

■ XXX 公司老旧客户、公变设备档案资料缺失，部分一线工作人员对现场设备不熟悉，对低压脱扣装置原理不清楚，对治理工作认识不到位，致使治理工作进度不理想。

国家电网
STATE GRID

国网安徽省电力有限公司
STATE GRID ANHUI ELECTRIC POWER CO.,LTD.

附录

信息化操作系统操作说明

流程	关键环节	操作说明	主导部门
1. 系 统 登 录	1.1 系统登录地址	打开谷歌浏览器之后，输入系统登录地址：http://20.50.16.230:19999/sgsosms/main/，然后进入系统默认展示页面，如图 1 所示。 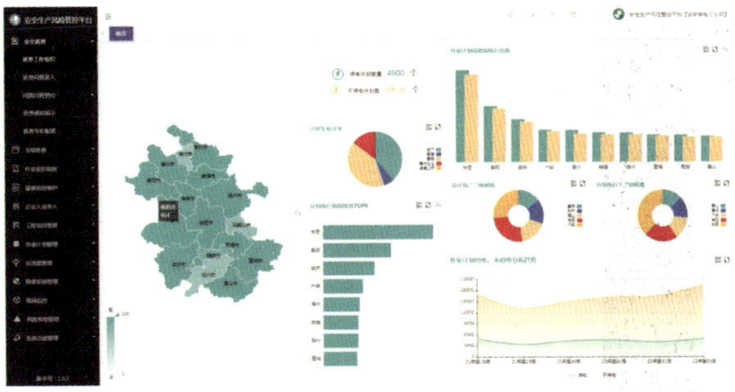 图 1 登录界面 图中左侧框体内容为系统功能模块，其中“安全巡查”为本次说明模块。	统一平台
	1.2 入口说明	管理端口：省 / 市 / 直属单位进行安全巡查通告上传、巡查问题录入、责任单位选取等模块管理人员，如图 2 所示。  图 2 管理端口流程	巡查组、问题审核部门
		用户端口：被巡查单位各专业人员，进行原因分析、整改措施填写、整改进度审核等功能使用的用户，如图 3 所示。 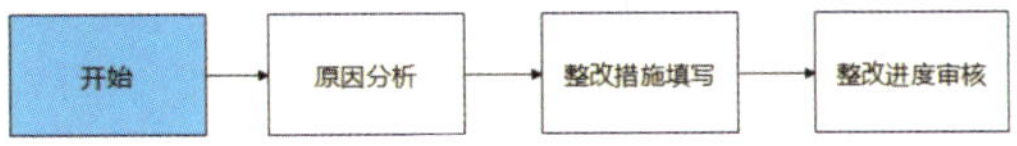 图 3 用户端口流程	被巡查单位
2. 巡 查 工 作 组 织	2.1 新增	菜单导航：安全巡查→巡查工作组织，点击“巡查工作组织”进入界面，如图 4 所示。 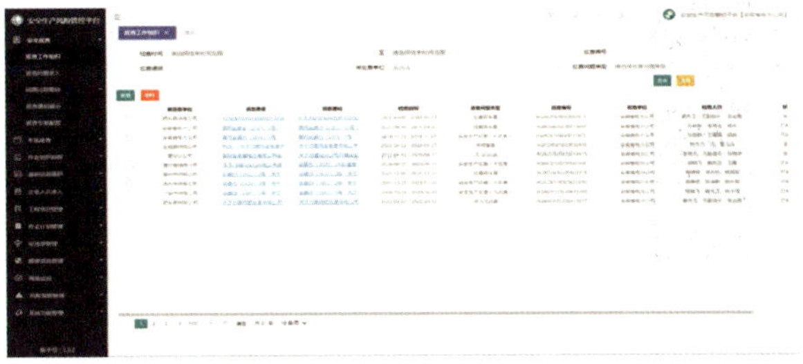 图 4 巡查工作组织界面	巡查组

续表

<table>
<tr><th>流程</th><th>关键环节</th><th>操作说明</th><th>主导部门</th></tr>
<tr><td rowspan="2">2. 巡查工作组织</td><td>2.1 新增</td><td>点击“新增”按钮，填写页面中必填字段，其中巡查通知、巡查通报为附件，上传支持单个文件最大 20M，最大 5 个文件，填写完成后点击“保存”按钮，如图 5 所示。
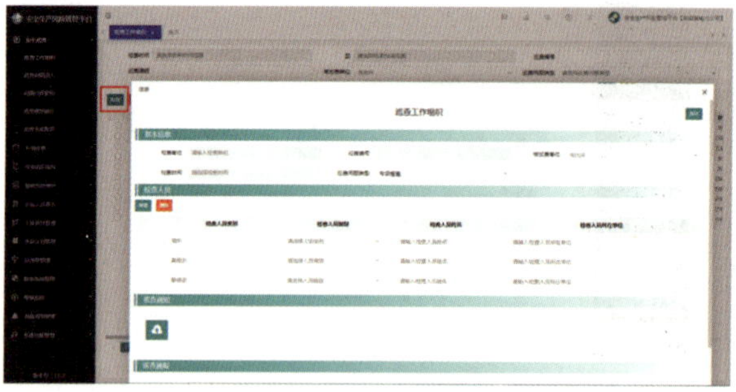
图 5　巡查工作组织新增界面</td><td rowspan="3">巡查组</td></tr>
<tr><td>2.2 删除</td><td>勾选需要删除的计划，点击“删除”按钮即可（只可删除编制状态计划），如图 6 所示。
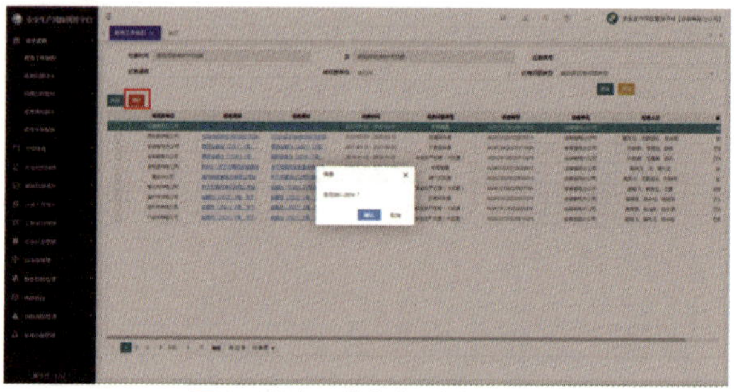
图 6　巡查工作组织删除界面</td></tr>
<tr><td>3. 巡查问题录入</td><td>3.1 巡查问题导入</td><td>用于巡查人员对被巡查单位进行安全巡查问题录入。
菜单导航：安全巡查→巡查问题录入，点击进入巡查问题录入界面，如图 7 所示。

图 7　巡查问题录入界面</td></tr>
</table>

续表

<table>
<tr><th>流程</th><th>关键环节</th><th>操作说明</th><th>主导部门</th></tr>
<tr><td rowspan="3">3. 巡查问题录入</td><td>3.1 巡查问题导入</td><td>勾选一条巡查问题，点击“导入”按钮上传已填写完成的模板，再点击“上传”按钮即可，如图 8 所示。

图 8 导入界面</td><td rowspan="3">巡查组</td></tr>
<tr><td>3.2 删除导入</td><td>“删除”按钮用于对已经录入且状态不为发布的巡查问题进行删除。勾选一条巡查问题，点击“删除”，页面提示“是否确认删除”，点击“确认”即可（注意其中巡查问题状态不可为发布状态），如图 9 所示。

图 9 删除界面</td></tr>
<tr><td>3.3 发布</td><td>勾选下方一条填写完成的巡查问题，点击“发布”按钮，页面提示“是否确认发布”，点击“确认”按钮即可完成发布，如图 10 所示。

图 10 巡查问题发布界面</td></tr>
</table>

续表

流程	关键环节	操作说明	主导部门
4. 问题过程管控	4.1 问题原因录入	用于被巡查单位进行问题原因录入、整改措施审核以及巡查单位整体的过程管控查询。 菜单导航：安全巡查→问题过程管控→问题原因录入，点击进入问题原因录入界面，如图 11 所示。 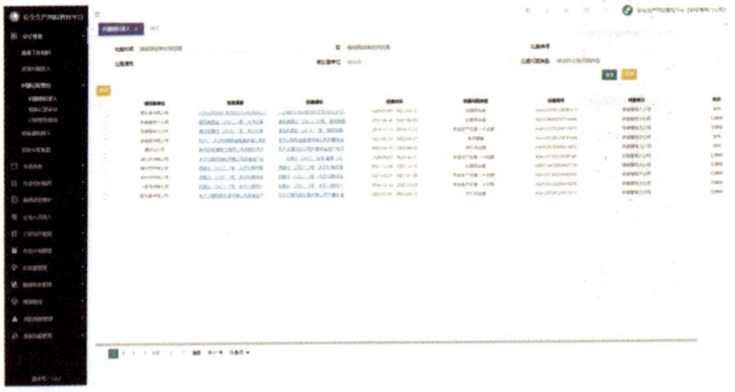 图 11　问题原因录入界面	被巡查单位
	4.2 问题原因编辑	用于巡查单位下发的巡查问题进行原因分析及录入。双击一条巡查问题，弹出整改原因基本信息、巡查方案、巡查问题清单，其中巡查问题清单中的责任部门 / 单位、原因分析需要填写，如图 12 所示。 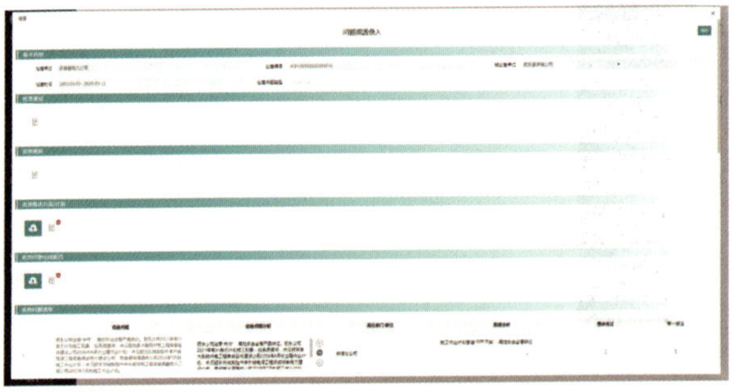 图 12　问题原因编辑界面	
	4.3 整改佐证	点击巡查问题清单中的“整改佐证”弹出界面，如图 13 所示。 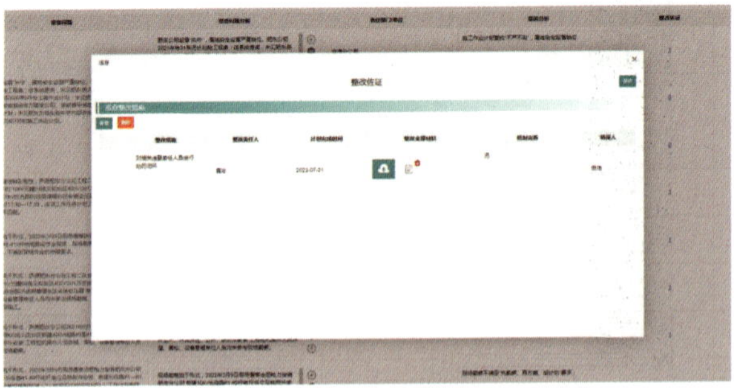 图 13　整改佐证界面	

续表

流程	关键环节	操作说明	主导部门
4. 问题过程管控	4.3 整改佐证	其中包含新增与删除，如图 14 所示。 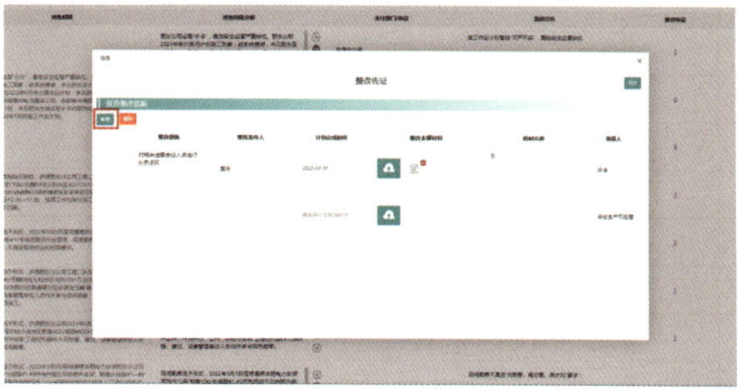 图 14　整改佐证新增界面	被巡查单位
	4.4 举一反三	点击巡查问题清单中的“举一反三”弹出界面，如图 15 所示。 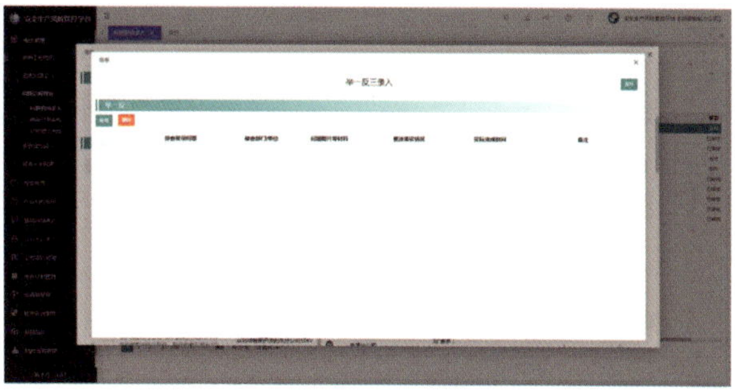 图 15　举一反三录入界面	
		其中包含新增与删除，如图 16 所示。  图 16　举一反三点击新增后界面	

续表

<table>
<tr><th>流程</th><th>关键环节</th><th>操作说明</th><th>主导部门</th></tr>
<tr><td rowspan="3">4.问题过程管控</td><td rowspan="2">4.5 巡查工作组织</td><td>菜单导航：安全巡查→问题过程管控→巡查工作组织，点击进入巡查工作组织展示界面，如图 17 所示。
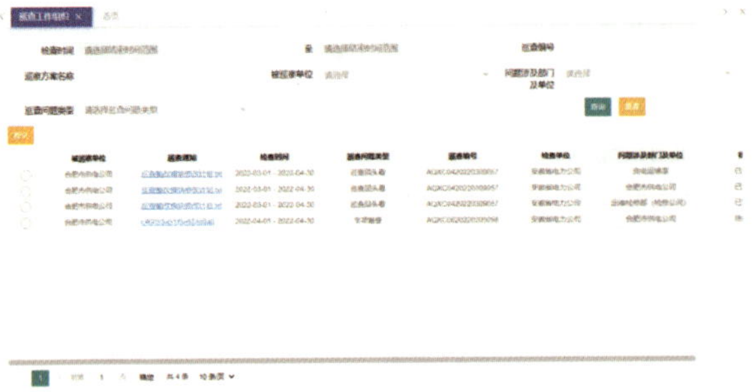
图 17　巡查工作组织展示页面</td><td rowspan="2">被巡查单位</td></tr>
<tr><td>通知 / 通过 / 完成报告编辑：双击一条巡查问题，上传通知 / 通过 / 完成报告后保存，如图 18 所示。
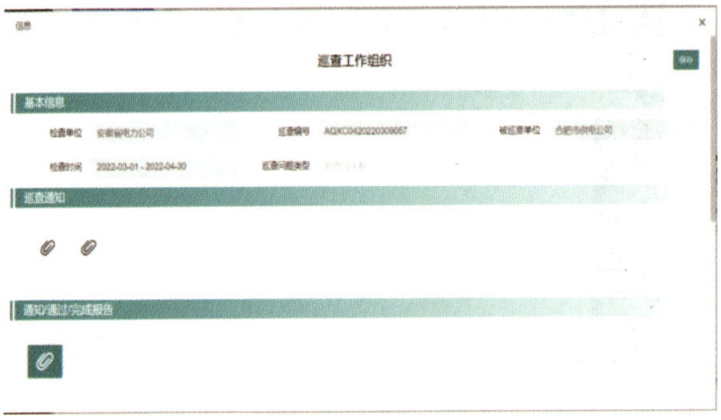

图 18　通知 / 通过 / 完成报告上传界面</td></tr>
<tr><td>4.6 措施记录审核</td><td>菜单导航：安全巡查→问题过程管控→措施记录审核，点击进入措施记录审核展示界面，如图 19 所示。
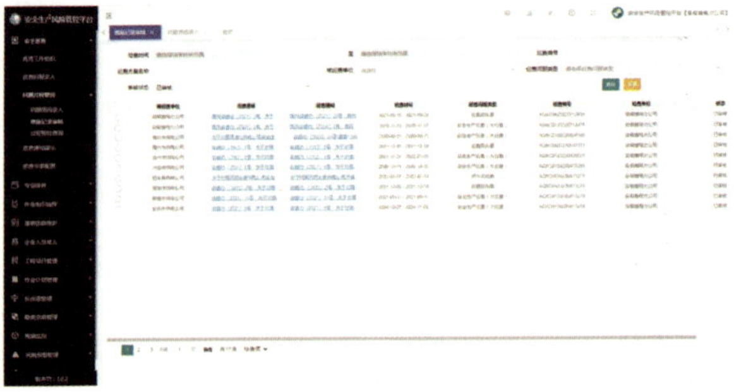
图 19　措施记录审核界面</td><td>审核部门</td></tr>
</table>

续表

流程	关键环节	操作说明	主导部门
4. 问题过程管控	4.6 措施记录审核	审核：双击一条措施记录弹出整改原因审核界面，其中需填写排查组织部门 / 单位、实际完成时间、整改措施已落实的情况点选备注（是否完成整改及未完成原因），填写完成后保存即可，如图 20 所示。 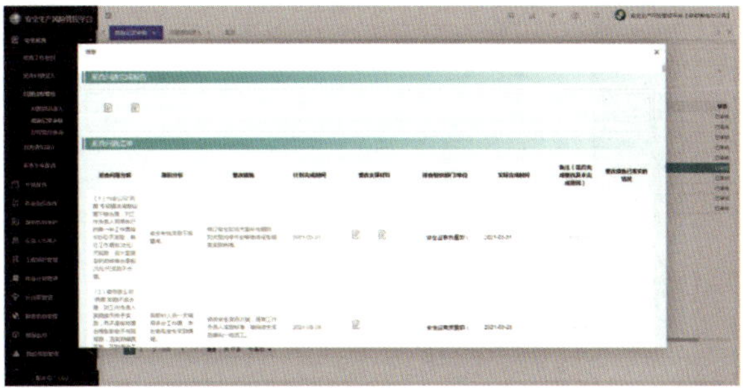 图 20　整改原因审核界面	审核部门
	4.7 过程管控查询	此页面为巡查单位查询页面，受检单位无权查看。 菜单导航：安全巡查→问题过程管控→过程管控查询，点击进入过程管控查询展示界面，如图 21 所示。  图 21　过程管控展示界面	
		双击可查看本次巡查的全过程信息，如图 22 所示。 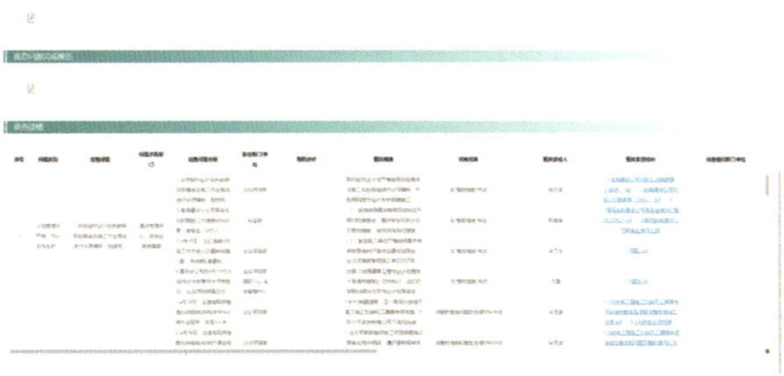 图 22　过程管控详情界面	

续表

流程	关键环节	操作说明	主导部门
4.问题过程管控	4.8 巡查通知展示	菜单导航：安全巡查→巡查通知展示，点击进入巡查通知展示界面，如图 23 所示。单击巡查通知下文件可下载进行审阅。  图 23　巡查通知展示界面	审核部门
5.整改工作评价	5.1 整改自评	巡查工作结束之后，被巡查单位在“巡查工作问题整改评价”端口，针对本单位巡查反馈问题整改情况开展及时自查，本单位安委会专题研究，充分评估整改成效，并填写整改自评。	被巡查单位
	5.2 复核成效	审核部门组织对被巡查单位开展巡查“回头看”，从巡查发现问题整改、举一反三排查治理及长效机制建立等方面评价、复核被巡查单位的整改成效，并填写整改评价。	审核部门